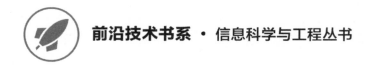

前沿技术书系 · 信息科学与工程丛书

无线通信
资源优化与分配

王一钛 ／ 著

电子工业出版社

Publishing House of Electronics Industry

北京 · BEIJING

内 容 简 介

无线通信系统中通信和计算资源极为稀缺,如何高效地利用有限的资源为用户提供更加可靠、稳定的服务是当前面临的巨大挑战。本书从提高传输能力、减少传输内容、将业务本地化、利用预测信息四个方面探讨无线通信资源的优化与分配,主要内容包括绪论、频谱聚合系统中时延受限的能量有效调度研究、面向队列稳定性的异构频谱聚合系统共存研究、面向队列稳定性的协作多播系统通信资源分配研究、基于稳定性的移动边缘计算系统时延优化研究、基于稳定性的内容边缘存储系统的分布式转发和缓存策略研究、基于高斯过程的网络流量模型动态拟合与多步预测研究、总结与展望。

本书适合通信领域的相关从业人员阅读,也可作为高等院校相关专业高年级本科生和研究生的教材或教学参考书。

图书在版编目(CIP)数据

无线通信资源优化与分配 / 王一钰著. -- 北京 : 电子工业出版社, 2024. 7. -- (前沿技术书系).
ISBN 978-7-121-48586-2

Ⅰ. TN92

中国国家版本馆 CIP 数据核字第 2024BD2092 号

责任编辑:田宏峰 文字编辑:王天跃
印 刷:三河市华成印务有限公司
装 订:三河市华成印务有限公司
出版发行:电子工业出版社
 北京市海淀区万寿路 173 信箱 邮编 100036
开 本:720×1 000 1/16 印张:15 字数:252 千字
版 次:2024 年 7 月第 1 版
印 次:2024 年 7 月第 1 次印刷
定 价:88.00 元

凡所购买电子工业出版社图书有缺损问题,请向购买书店调换。若书店售缺,请与本社发行部联系,联系及邮购电话:(010)88254888,88258888。

质量投诉请发邮件至 zlts@phei.com.cn,盗版侵权举报请发邮件至 dbqq@phei.com.cn。
本书咨询联系方式:tianhf@phei.com.cn。

前　言

近年来，随着智能移动终端的迅速普及和通信技术的迅速发展，更加多元化的数据与计算业务不断涌现，进一步丰富了人们的生活并带来了巨大的社会变革。然而，多元化无线业务的迅猛发展，对更高速率和更强计算能力的无线通信系统的渴求也日益迫切。例如，物联网的迅速发展使数据量和计算量呈现爆炸式的增长，严重影响了现有网络系统的性能及稳定性。

当无线通信系统不能满足用户的超高带宽、超低时延需求时，很容易造成数据队列溢出与数据丢失，从而导致数据服务错误率激增，系统稳定性严重下降，甚至服务中断。因此，无线通信系统的队列稳定性是极为关键的，应当予以充分考虑并提供相应的保障机制。

本书旨在研究无线通信系统中面向队列稳定性的通信与计算资源分配算法，并在系统稳定性的基础上进一步优化时延、能耗等关键系统参数，从而设计最优的网络资源配置策略。本书建立了面向系统稳定性的时延优化技术途径和理论基础，相关成果可加速工业互联网、车联网等计算场景向实用化推进。

本书中涉及的部分研究得到了国家自然科学基金（62301007）、北方民族大学青年培育项目（2022QNPY07）、2023 年宁夏回族自治区青年科技托举人才培养项目、北方民族大学宁夏智能信息与大数据处理重点实验室和宁夏回族自治区智能装备与精密检测技术研究应用创新团队（2022BSB03104）的支持。

算网融合是一个快速发展的领域，新的理论和技术层出不穷。由于算网融合的快速发展，加之作者水平有限，本书难免存在疏漏和不当之处，希望广大读者批评指正。

作者

2024 年 6 月

目　　录

第 1 章
绪论

1.1 无线通信系统发展概述

20 世纪 70 年代末，美国电话电报公司（American Telephone & Telegraph, AT&T）发明了高级移动电话系统（Advanced Mobile Phone System，AMPS），标志着第一代蜂窝电话系统（the first generation mobile communication technology，1G）正式建成。1G 主要采用模拟调制和频分多址（Frequency Division Multiple Access，FDMA），在几十千赫兹的带宽上提供语音服务。20 世纪 80 年代后期，以全球移动通信系统（Global System for Mobile Communications，GSM）为代表的第二代蜂窝电话系统（the second generation mobile communication technology，2G）步入了纯数字时代。通过采用时分多址（Time Division Multiple Access，TDMA）和码分多址（Code Division Multiple Access，CDMA），2G 可以提供 200 KHz 带宽和最高 473 kbps 的系统容量，并可以支持语音、电子邮件、手机短信等业务。21 世纪初期，第三代蜂窝电话系统（the third generation mobile communication technology，3G）将无线通信与国际互联网等多媒体通信结合，主要采用 CDMA2000、宽带码分多址（Wideband Code Division Multiple Access，WCDMA）、时分-同步码分多址（Time Division-synchronous Code Division Multiple Access，TD-SCDMA）和全球互通微波存取（Worldwide Interoperability for Microwave Access，WiMAX）技术，可以提供最高 14.4 Mbps 的高速数据传输和宽带多媒体业务。21 世纪初期，第四代移动通信系统（the 4th generation mobile communication technology，4G）以正交频分多址接入（Orthogonal Frequency Division Multiple Access，OFDMA）技术和多输入多输出（Multiple Input Multiple Output，MIMO）技术为核心，具有高数据传输速率、

低时延、高频谱利用率、简单网络结构，以及开放接口、低成本等优点。其中，OFDMA 技术通过将高速数据流分散到多个相互正交的子载波上进行通信，提高了系统的无线频谱资源利用率；MIMO 技术通过采用不同的预编码方案获得分集或者复用增益，可充分利用用户信道空间自由度来满足用户高速率、系统高容量的要求。因此，4G 得到了世界上主流通信运营商和通信设备制造商的广泛关注，并成为目前全球蜂窝移动通信应用最广的网络。具体而言，4G 能够为高速移动用户提供 100 Mbps 的速率，能够为静止用户提供 1 Gbps 的速率，信号带宽为可变的 5～20 MHz，下行链路频谱效率峰值达到 15 bit/s/Hz，上行链路频谱效率峰值达到 6.5 bit/s/Hz。随着 4G 进入大规模商用阶段，21 世纪 20 年代，第五代移动通信系统（the 5th generation mobile communication technology，5G）已经成为全球研发热点。与前几代移动通信系统相比，5G 将提供更强大的业务能力。面对多样化场景的差异化性能需求，5G 很难以某种单一技术为基础形成针对所有移动场景的解决方案[1-2]。5G 不再单纯地强调峰值速率，而是综合考虑了 9 个技术指标：连接密度、端到端时延、移动性、峰值速率、流量密度、用户体验速率、频谱效率、能量效率以及成本效率，能在任何时间、任何地点为任何人或者物提供高质量、个性化的移动通信服务[3]。至今为止，移动通信系统每十年经历一次升级，通过不断的技术创新，使大容量的移动数据服务成为可能。

1.2 移动业务的需求

近年来，随着智能移动终端的迅速普及和科学技术的蓬勃发展，更加多元化的数据与计算业务不断涌现。例如，超高清多媒体业务和互动娱乐业务，显著地提高了人们的生活质量和娱乐质量。相应地，无线通信系统接入用户数目持续增长，以及在无线通信系统中为用户提供的业务种类日益增多，相应的数据量和计算量呈指数型爆炸式增长。根据国际电信联盟 IMT-2020 白皮书[3]，2020 年全球物联网设备连接数量达到 70 亿，2030 年将达到 1000 亿。其中，2020 年中国的物联网设备连接数量达到 15 亿，2030 年将达到 200 亿。新生且快速增长的物联网需求为未来的全球移动通信网络带来新的活力，其潜在的多样化应用将进一步丰富人们的生活并带来巨大的社会变革。目前，海量物联网的连接需求，也成为无线通信系统中数据量和计算量呈指数型爆炸式增长的原因之一。作为全球最大的移动通信市场，中国的移动用户数量也在持续以较大的幅度增长。据工业和信息化部统计，截至 2017 年年底，中国移动电话用户总数达到 14.2 亿，比去年同期增长 6.73%，移动电话用户普及率达到每百人 102.5 部。其中 11.3 亿用户（占总用户数的 79.8%）已经选择接入移动互联网，并且 4G 用户总数达到 10.3 亿，占总用户数的 72.5%。思科（Cisco）在报告[4]中指出，截至 2017 年年底，全球移动数据总流量约为 134 艾字节，年化增长率逼近 70%，全球移动数据总流量在过去的 12 年激增近一亿倍，并且在 2018 年有超过 70% 的移动数据量来自新兴多媒体业务。移动用户、智能手机和物联网设备连接数量的迅猛增长，网络速度的快速提升以及移动视频消费的大幅增加，在接下来的三年内促使移动数据流量增长 7 倍。

移动通信技术的发展使得满足更加多元化的业务需求成为可能，而移动终端的蓬勃发展从需求端推动了无线通信系统的发展。持续爆炸性增长的移动数据与计算业务为无线通信系统带来新的挑战和机遇，并促进网络架构进一步演进。与此同时，移动终端的智能化也使得移动业务多样化，带来更大的数据传输质量需求与计算质量需求。如何高效地利用有限的通信与计算资源，提升无线通信系统性能，更好地为用户提供可靠、稳定的服务是当前面临的巨大挑战。

1.3 研究意义

这些多元化的数据与计算业务不仅需要超高带宽的支持，还对时延有极其苛刻的要求。一方面，这些多元化的数据与计算业务不但有时变的带宽需求，而且要求最大带宽需求达到 100 MHz 以上，才能够为用户提供优质的服务质量（Quality of Service, QoS）。现有的任何一种无线通信系统都无法满足如此大的带宽需求[5]。另一方面，这些多元化的数据与计算业务需要实时在线的体验，这要求数据传输时延达到 1 ms 甚至更低。尤其对于互动娱乐业务，频繁卡顿会严重影响用户体验。工业控制、应急通信等应用要求可靠性达到 99.999% 甚至100%。在这样的背景下，在无线通信系统中开展多元化的数据与计算业务存在着以下难题：

（1）现有无线通信系统架构不足以提供超宽带的数据传输服务。

为满足用户对动态超带宽数据业务的需求，无线通信系统需实时根据环境以及业务状态动态调整系统与网络资源，从而匹配网络资源和业务需求，为每位用户提供可靠、稳定的服务。然而，一方面，无线通信系统中通信资源是极为稀缺的，当前无线频谱资源根据各个行业的需求，采用静态分配策略进行统筹。无线频谱资源不仅分配殆尽，而且静态分配策略的频谱利用率非常低，因而浪费了宝贵的无线频谱资源[6]。另一方面，昼夜业务量差异很大，业务量会随着用户服务请求的随机性而动态变化。目前无线通信系统大部分基于峰值业务量进行网络资源配置与运营，导致资源利用率较低。

（2）现有无线通信系统架构难以支持海量高速数据传输。

在无线通信系统中，制约传输速率、影响传输可靠性的最主要因素就是无线信道传输条件。导致信号功率衰减的主要原因包括路径损耗和阴影效应[7]。路径损耗由传输信号的辐射扩散特性以及无线信道的传播特性决定，其对信号功率的影响与通信距离正相关。阴影效应取决于发送端和接收端之间的障碍物，会对信号功率产生严重的影响。例如在蜂窝移动通信系统中，处于小区边缘的用户接收信号功率通常较低，通信质量较差，甚至处于中断状态。

（3）现有无线通信系统架构中计算与存储资源过度集中且远离用户。

由于移动设备的计算资源十分有限，仅仅依靠移动设备很难实现计算密集型应用。为了帮助用户实现计算密集型应用，运营商在远端部署了计算资源共享池，为用户提供更佳的计算质量。然而传统的云计算系统严重依赖远程云计算服务器，这可能导致巨大的通信与计算时延。因此，用户计算任务仅依赖本地计算和远程云服务器，计算密集型应用和资源受限的移动设备之间的紧张关系无法得到有效缓解；移动设备的存储资源也十分有限，用户请求数据的传输仅依赖远程数据服务器，这种传输模式加上无线通信系统流量的爆炸式增长，极大地增加了网络负载，进一步加重了网络拥塞。

在无线通信系统中，通信与计算资源都是极为有限的；用户的数据服务往往是突发的、随机的、弹性的。现有无线通信系统架构中资源分配不够灵活，无法满足多元化的数据与计算业务对带宽、时延的需求，造成无线通信系统不稳定。无线通信系统的稳定性表示无线通信系统性能对不确定性的稳健程度。在使系统偏离平衡状态的扰动消失后，一个稳定的系统应该有能力返回原来平衡状态。这样才能够保障所有用户的服务不会中断，从而给用户提供舒适的体验。如果一个系统变得不稳定，由于网络设备的缓存大小有限，很容易造成数据队列溢出与数据丢失，从而造成数据服务错误率激增、系统可靠性严重下降，甚至服务中断。因此，系统的稳定性是评估系统性能的一个重要因素，在设计无线通信系统的过程中应当充分予以考量，并提出相应的机制作为保障。

1.4 队列稳定性的定义

考虑一个数据包队列，其在时隙 t 的到达数据包速率记为 $a(t)$、离开数据包速率记作 $b(t)$。因此，对于一个取值为实数的离散随机过程 $Q(t)$，有以下几种常见的队列稳定性描述：

（1）速率稳定。如果离散随机过程 $Q(t)$ 以概率 1 满足

$$\lim_{t \to \infty} \frac{Q(t)}{t} = 0 \qquad (1\text{-}1)$$

那么，该离散随机过程 $Q(t)$ 是速率稳定的。

（2）平均速率稳定。如果离散随机过程 $Q(t)$ 满足

$$\lim_{t \to \infty} \frac{E[Q(t)]}{t} = 0 \qquad (1\text{-}2)$$

那么，该离散随机过程 $Q(t)$ 是平均速率稳定的。

速率稳定和平均速率稳定只描述了队列长期平均到达速率和长期平均离开速率之间的关系，但是并没有讨论具体队列的长度问题。因此，以下两种更强的稳定性的定义使用更为广泛。

（3）稳态稳定。如果离散随机过程 $Q(t)$ 满足

$$\lim_{M \to \infty} g(M) = 0 \qquad (1\text{-}3)$$

式中，对于每个大于或等于 0 的 M，$g(M)$ 满足

$$g(M) = \limsup_{t \to \infty} \frac{1}{t} \sum_{\tau=0}^{t-1} \Pr[Q(\tau) > M] \tag{1-4}$$

式中，$\Pr[\cdot]$ 表示概率。那么，该离散随机过程 $Q(t)$ 是稳态稳定的。

（4）强稳定。如果离散随机过程 $Q(t)$ 满足

$$\limsup_{t \to \infty} \frac{1}{t} \sum_{\tau=0}^{t-1} E[Q(t)] \leqslant \infty \tag{1-5}$$

那么，该离散随机过程 $Q(t)$ 是强稳定的。

在温和有界性的假设下，如果离散随机过程 $Q(t)$ 是强稳定的，那么 $Q(t)$ 也满足其他三种稳定性的定义[8]。因此，本书采用强稳定的定义来保证所有的队列在任何稳定性定义下都是稳定的。如果数据到达 $a(t)$ 与离开 $b(t)$ 的时间平均速率以概率 1 收敛到 $\overline{a}$ 和 $\overline{b}$，若队列 $Q(t)$ 是强稳定的，那么可以得到 $\overline{b} > \overline{a}$，即离开的时间平均速率大于到达的时间平均速率，从而可以根据两者的差值优化系统平均队列长度。基于此可以设计合适的缓存大小并优化系统时延，从而有效避免数据溢出导致的系统可靠性严重下降，并为用户提供舒适的低时延体验。

1.5 影响队列稳定性的因素

（1）如何为用户提供超宽带的数据传输服务？

根据各个行业的需求，当前无线频谱资源采用静态分配策略进行统筹，无线频谱资源已然分配殆尽，几乎没有任何运营商拥有单一的、连续的、100 MHz 带宽的无线频谱资源。而在异步分配的过程中，产生了大量的频谱碎片，其信道容量难以支持业务需求，从而浪费了宝贵的无线频谱资源。为了解决现有无线通信系统架构不足以提供超宽带的数据传输服务的难题，频谱聚合（Spectrum Aggregation，SA）应运而生。频谱聚合可以将分散的频谱以及频谱碎片聚合为完整的、信道容量足够大的频谱，从而支持更加多元化的业务，提高频谱利用率。此外，异构频谱聚合一方面能够聚合频率相距较远的频谱，以实现系统层

面的频率选择性分集，从而充分利用不同频谱路径损耗的衰落的异质性、优化资源分配、提升系统性能；另一方面可以利用免许可频段，例如工业科学医疗（Industrial Scientific Medical，ISM）频段来克服频谱稀缺性。理论分析和实验结果表明，SA 可以显著提升系统性能并且降低能耗[9]。第三代合作伙伴计划（3rd Generation Partnership Project，3GPP）第十三版本（Release 13）提出了授权协助接入、长期演进（Long Term Evolution，LTE）、无线保真（Wireless-Fidelity，Wi-Fi）链路聚合[10-11]，这些技术提供了在工业界用于访问异构频谱聚合的共享信道的不同接入方法。最近，SA 成为 5G 标准化的增强型移动宽带的关键提案之一。

然而，一方面，目前接收机射频前端的混频器、滤波器，发射机的功率放大器以及数字信号处理器等技术水平都难以达到宽频段频谱聚合的要求，因此无线通信系统设备的频谱聚合能力受到限制，而受限的频谱聚合能力意味着只能为有紧急需求的用户分配有限数量的信道，这会给系统的稳定性带来极大的影响；另一方面，通过 SA，异构系统可以共享信道，从而实现系统层面的频率选择性分集，进一步提升系统性能。但是不同系统的多个用户之间通常不能交换信息，如何实现异构系统和谐共存是一个难题，过度地使用共享信道会显著影响其他系统的稳定性。

（2）如何支持海量高速数据传输？

2012 年开始，移动视频通信应用以 75%的年均增长率逐年递增，截至 2013年年底，移动视频流量已经占据了网络中总流量的 50%以上。用户对视频的兴趣呈非常集中的分布，即绝大部分用户的请求都集中在少数流行的视频上。为了解决现有无线通信系统架构难以支持海量数据高速传输的难题，协作多播中继技术应运而生。多播是一种频谱有效的传输模式，服务供应商通过多播同时向多个用户发送多媒体数据，实现无线信道上一对多传输，从而有效减少传输内容[12]；协作中继技术利用空间分集对抗路径损耗和信道衰落，从而有效扩大覆盖范围，提供更可靠的传输，为用户提供更优质的 QoS[13-14]。因此，协作中继技术在无线通信系统中有其独特的价值。高级国际移动通信（International Mobile Telecommunications-Advanced，IMT-A）系统采用了协作中继技术，通过在用户与 BS 之间布置中继节点以协助用户和 BS 通信，从而保证边缘用户的QoS[15]。

然而，一方面，协作多播中继为减少传输内容、实现更高的系统容量提供了额外的自由度，具有提升系统性能的潜力，但是不恰当的协作中继选择方案将导致比非协作中继传输模型更低的数据速率，从而显著降低通过减少传输内容带来的性能增益，进而对系统的稳定性带来极大的影响；另一方面，不同的多播中继节点通常采用不同的正交信道以避免中继之间产生干扰。但是，在许多协议中，如电气和电子工程师协会（Institute of Electrical and Electronics Engineers，IEEE）802.11[16]协议，可用信道的数量是相当有限的，这对协作多播中继系统稳定性带来的影响是显著的。

（3）如何提供与用户紧密相连的计算与存储服务？

传统的计算与数据传输服务严重依赖远程服务器，因此用户与远程服务器的上下行通信成为进一步提升系统性能的瓶颈，严重制约着无线通信系统的数据传输与计算。为了解决现有无线通信系统架构中计算与存储资源过度集中且远离用户的难题，移动边缘计算与内容边缘存储网络应运而生。移动边缘计算与内容边缘存储网络是基于 5G 演进的架构，并将移动接入网与互联网业务深度融合的一种新兴技术。移动边缘计算（Mobile Edge Computing，MEC）通过卸载计算任务到 MEC 服务器，可显著缓解计算密集型应用和资源受限的移动设备之间的紧张关系，是处理爆炸性增长的计算需求的最有前景的技术之一[17-19]。云计算系统依赖远程云计算服务器，这可能导致巨大的计算与通信时延。与传统的云计算系统不同，MEC 服务器具有与移动设备紧密相连的计算能力。内容边缘存储采用分布式转发存储机制，将存储资源部署在靠近用户的边缘节点上，即将热门内容存储在基站（Base Station，BS）、中继节点以及移动设备上，并允许用户从附近的存储节点请求其期望的内容，从而避免重复传输内容，显著缓解网络压力，并根据用户的需求提供本地化的服务[20-21]。将计算与存储能力拉近到网络边缘后，可以创造出一个具备高性能、低时延与高带宽的电信级服务环境，加速网络中各项内容、服务及应用的分发和下载，实现更佳的数据传输与计算质量。

然而，一方面，当多个用户将计算任务卸载到同一个 MEC 服务器时，由于 MEC 服务器计算任务的数量非常大，这些计算任务并不能在短时间内计算完成，与此同时计算卸载也受信道质量影响，计算能力和通信能力的折中关系对系统的稳定性带来至关重要的影响；另一方面，在将传输、存储业务本地化的时候，很难在本地获取全网数据请求和网络拥塞信息，而在分布式联合优化数据转发和缓存的过程中，信息估计的准确性会对算法性能产生极大的影响，不准确的估计会显著影响系统的稳定性。

1.6 相关领域研究现状

（1）在无线通信系统中为用户提供超宽带的数据传输服务的研究。

通过频谱聚合（SA）技术，用户设备可以满足更高带宽的传输需求，显著提高频谱效率。已有的基于 SA 的算法，大多考虑吞吐量、功率、公平性与时延的优化。文献[22]提出了一种综合优化效率和公平性的启发式次优算法，通过分别单独优化两个控制变量来降低算法复杂度。文献[23]中的最优算法只考虑了两个信道。文献[24]通过对偶拉格朗日法，提出了一种基于对数效用比例公平的资源分配算法。文献[25]研究了两个用户（即公共安全用户和商用 LTE 用户）之间的频谱共享，并提出了一种资源分配算法，为公共安全用户提供优先服务。文献[26]为了提高平均网络吞吐量，提出了一种联合信道分配和功率控制的策略。文献[27]提出了一种能量有效的动态频谱聚合调度方案，针对弹性流量提出了基于每焦耳每比特的能量度量方式。对于具有 SA 的认知无线电网络，文献[28]研究了系统容量和时延之间的折中关系，并利用近似的方法来表征时延分布，但其性能下降只能通过仿真来描述。文献[29]针对升级版长期演进（Long Term Evolution-Advanced，LTE-A）中的 SA 系统无线频谱资源管理做了详细调研，结果表明性能增益大多来自通过优先向具有良好信道条件的用户分配更多资源。由于资源的调度时延会对总时延产生很大影响，文献[30-31]提出了不同的调度结构从而最小化调度时延。但是，这些算法大多基于用户可以聚合任意数目的信道的假设，并且在设计能量有效的算法时只考虑到了发射功率而忽略了其他可能消耗的能量。因此，目前对频谱聚合的理论研究仍然不够深入，频谱聚合在走向实际应用的过程中应该考虑以下几方面制约因素：

① 频谱聚合能力受限。目前接收机射频前端的混频器、滤波器，发射机的功率放大器，以及数字信号处理器等技术水平都难以达到宽频段频谱聚合的要

求，在研究频谱聚合机制和算法时应该考虑频谱聚合能力受限的情况。

②　频谱聚合电路结构。为了完成频谱聚合，设备需要一些特定电路结构支持，因此在设计能量有效的算法过程中不应忽略频谱聚合电路的能耗。

这些约束给频谱聚合资源分配带来了新的技术挑战，尤其在时延受限的系统中，这些挑战使问题变得更加困难。在这些约束下，只能为有紧急需求的用户分配有限数量的信道，同时需要满足其时延约束条件。频谱聚合能力受限导致速率、功率和信道分配复杂地耦合在一起，这些对系统稳定性的影响并不是显而易见的。

此外，通过异构频谱聚合可以实现资源分配和利用的最优化，并进一步满足更高的带宽传输需求。根据美国电信信息管理局提供的从 30 MHz 到 2.9 GHz 的频谱授权情况，截至目前，90%以上的频段已经被占用。随着无线频谱资源需求量的逐年递增，无线频谱资源几乎分配殆尽。为缓解无线频谱资源的压力，异构频谱聚合可以聚合免许可频谱（例如 ISM 频段），从而克服频谱稀缺性。因此，在学术界，未授权长期演进（Long Term Evolution-Unlicensed，LTE-U）和 Wi-Fi 共存问题近来引起了广泛关注。许多学者研究了基于先听后说（Listen Before Talk，LBT）和占空比静音（Duty Cycle Muting，DCM）的 LTE-U 和 Wi-Fi 共存的吞吐量以及公平性问题。文献[32]通过优化冲突窗口大小，提出了一种基于公平性的授权协助接入和资源调度方案。文献[33]设计了一种基于协作软合成的频谱感知方案，并对吞吐量进行分析。但是，采用基于 LBT 和 DCM 的策略不能充分利用轻负载系统中的所有可用容量。即在轻负载系统中，可以通过干扰管理以实现多用户同时传输，从而提升系统性能并实现异构系统和谐共存。多个异构系统之间的干扰协调也是异构频谱聚合系统共存的一个难题。文献[34]针对多个 LTE-U 系统使用未授权频谱提出了干扰协调机制以实现多系统共存。文献[35]引入超接入点的概念来实现更好的频谱分配和干扰协调。但是，这些方案的局限性在于需要集中式控制器。在异构系统中，不同系统的多个用户之间通常不能交换信息。因此，异构频谱聚合系统共存的理论研究仍然不够深入，亟待进一步研究。

（2）在无线通信系统中支持海量高速数据传输的研究。

通过多播技术，可以实现一对多同时传输，从而显著减少传输内容。为了进一步促进无线通信系统中的多媒体应用并提供 QoS 敏感的无线视频服务，可伸缩视频编码（Scalable Video Coding，SVC）以其强大的速率适应能力受到业界广泛关注。SVC 可以有效应对带宽稀缺性和网络变化，所以经常结合多播技术一起使用，以提高无线频谱资源利用率并提供差异化的 QoS[36]。简而言之，SVC 将视频帧分为一个基础层和多个增强层，其中基础层提供最低质量的视频，而增强层逐渐提高质量。可以通过传输不同数量的增强层以应对网络变化、硬件异构性或用户需求来实现 QoS 敏感的视频传输。针对系统只有一个信道的情况，在文献[37-38]中，源节点将相同的数据广播到多个中继节点，之后部分中继节点向同一个接收机同时广播数据，接收机采用最大合并比（MRC）技术合并多路信号，并进一步分析了中断概率。文献[39]分析了多接收机情况下的信道容量和信噪比性能，但是源节点固定广播基本层和一个增强层，中继节点只传输基本层。文献[40-41]研究了基于 MRC 技术的协作多播系统，中继节点将相同的数据发送到目标节点，但是用户分集并没有被充分利用。MRC 技术通常与 SVC 技术不兼容，因为不同的发射机可以发送不同数量的增强层，多路信号不能通过简单地应用 MRC 技术来组合。为了解决上述问题，一种有效的方法是为不同的中继节点分配不同的正交信道以避免中继节点之间产生干扰。在文献[42]中，一组用户从源节点接收相同的数据，并提出最优中继调度和功率分配策略。文献[43]提出了一种分布式能量有效的多播中继选择方案。文献[44]提出了一种最优的多播中继选择方案，在没有交叉信道干扰的情况下在确定性中继网络中实现最大容量。文献[45]考虑了无线通信系统中的视频协作多播，其中中继使用 TDMA 技术转发分组，并且采用 SVC 技术根据信道条件向用户提供差异化视频质量，但是没有提供任何算法的最优性保障。大多数现有的文献都假设系统中有足够的正交信道可用于协作多播而不会在中继之间产生干扰。然而，在许多实际的无线通信系统中，可用信道的数量是相当有限的，由此说明上文的假设是无效的。然而，很少有文献讨论信道数目受限时的多播中继选择方案。在信道数目受限的背景下，已有研究无法直接应用于实际的无线通信系统，也无法保证系统的稳定性。

通过协作中继技术，分集技术得以广泛应用，从而有效对抗信道衰落并为用户提供更快的传输速率。此外，将基础设施的集中式架构在一定程度上扩展为灵活的半分布式架构，甚至是全分布式的架构，从而使多级协作可以有效扩展传输有效覆盖范围，并显著提升频谱利用率。因此，无线协作多播中继通信是未来无线通信系统中极具应用前景的构网方式。在典型的双跳协作多播中继系统中[46-47]，源节点首先向中继节点传输数据，然后将请求相同数据的用户在逻辑上分为若干个多播组，并由指定的中继节点分别服务。尽管协作多播中继具有提升系统容量的潜力，但是不恰当的中继选择方案将导致比在非协作中继传输模式下更低的数据传输速率，从而显著降低通过减少传输内容带来的性能增益。因此，应该仔细设计中继选择方案以充分发挥协作多播中继带来的性能增益。与传统的限制每个中继节点只能分配一个目标节点进行协作中继传输的模型[48]相比，多播中继更加高效和实际。多播中继为减少传输内容、实现更高的容量提供了额外的自由度，但在方案设计的过程中带来了额外的困难。多播中继会使得不同中继节点的传输互相干扰，而为不同的多播中继分配不同信道时，有限的信道数目会使得中继选择和信道分配复杂地耦合在一起，很难直接使用已有的优化方案。

在协作多播中继系统中，最常用的优化目标之一是最大化系统的总吞吐量。这个优化目标的弱点在于用户由于链路质量较差而获得较少的资源，导致系统有可能变得极为不稳定。为了实现公平性和稳定性，需要为信道质量最差的用户分配更多的资源，即采用 max-min 优化。max-min 优化的主要问题是效用向量不一定具有帕雷托最优的性质，从某个 max-min 效用向量开始，可以增加某些用户的效用而不会降低其他用户的效用，这显然不是一种有效资源分配算法的理想属性。进一步，字典序优化是对 max-min 优化的改进，这种优化方式既考虑到公平性又能够兼顾效率，但是很少在协作多播中继系统中涉及。文献[49]针对认知无线电协作中继系统，采用字典序优化为次要用户提供可靠的通信。文献[50]允许中继在执行协作传输的同时传输自己的数据，并提出了字典序最优的资源分配方案。文献[51]针对采用 OFDMA 的协作多播中继系统，在不考虑信道分配和中继选择的耦合的情况下，研究了子载波-中继分配和功率分配的优化。

（3）在无线通信系统中提供与用户紧密相连的计算与存储服务的研究。

通过应用移动边缘计算技术，将计算能力下沉到移动边缘节点，可以为用户提供本地化的计算服务，这极大地降低了通信时延、缓解了中心的计算压力，从而显著增加了网络鲁棒性。此外，可以提供第三方应用集成，为移动边缘入口的服务创新提供无限可能。在移动边缘计算系统中，计算卸载调度无疑是影响系统性能的最关键的问题，近来也受到了广泛的关注。文献[52]选择计算任务卸载以最小化平均能耗。文献[53]采用马尔可夫决策过程，提出了一种单用户 MEC 系统的时延优化算法。文献[54]对单用户 MEC 系统的能量和时延的折中结果进行了分析。之后，文献[17]将结果扩展到多用户系统。文献[55]基于博弈论提出了一种分布式计算卸载算法。文献[56]在多蜂窝 MEC 中采用连续的强逼近联合优化通信和计算资源。但是，上述的研究均假定 MEC 服务器有足够强大的计算能力，并且卸载的计算任务在到达 MRC 服务器时立即执行。实际上，当考虑到多个用户时，卸载任务的数量可能非常大。因此，这些任务不能在短时间内被 MEC 服务器计算完成，特别是在考虑系统时延性能时，排队时延不容忽视。另外，已有工作大多基于数据队列进行随机资源分配。文献[17,53]只对用户数据队列或计算任务队列进行操作。然而一个队列没办法体现出数据的两个特性，即存储大小和计算大小。此外，由于这些队列长度属于动态的状态依赖受控随机游走过程，所以大多数已有的关于时延性能的工作[53,57-58]并没有分析状态依赖队列的稳定状态分布，并且也没有分析已知的闭式稳态分布。有限的存储空间、计算能力使分析变得更加复杂。因此，目前对移动边缘计算系统的理论研究仍然不够深入，复杂网络的性能有待于进一步研究与优化。

通过应用内容边缘存储技术，将存储能力下沉到移动边缘节点，即可将传输、存储业务本地化，从而显著改善传输条件；同时把远程服务器的数据传输压力分散到全网中，为用户提供更低时延和更高速率的数据传输服务。在内容边缘存储系统中，数据转发和缓存算法的优劣决定了性能提升的程度，因此数据转发和缓存联合优化受到广泛的研究。在文献[59]中，所需的内容可以通过一跳访问，即直接从服务器访问，或者从两跳中获得，即从系统中部署的一个存储节点中获取，然后集中式联合优化数据转发和缓存。文献[60]主要考虑了小区之间的协作存储，这种存储利用了异构存储的多样性，从而比非协作小区存储网络的性能好。但是，在大规模网络中，很难通过集中式控制来优化数据转发和缓存，这是因为获取节点的状态信息需要极高的通信代价，而不准确的状态信息会严重影响算法的性能增益。文献[61]研究了针对任意网络拓扑的具有最优保证的联合数据转发和缓存方案，但是目标是为了最小化路由代价而不是最大化存储增益，并假定数据遵循与其相应的请求以相同的路径返回。由于路由的异步性，该算法可能会导致严重的系统拥塞。分布式联合优化数据转发和缓存是非常具有挑战性的，这是由于分布式实现中涉及算法迭代与显式消息传递。文献[62]提出了一种吞吐量最优的转发和缓存算法，使用李雅普诺夫（Lyapunov）优化命名数据网络（Named Data Networking，NDN）的性能，其中数据转发和缓存通过局部分别优化来解耦。文献[63]进一步改进了现有的算法，通过数据请求兴趣抑制来更准确地反映 NDN 网络中的实际数据请求信息。然而，这种解耦的代价是放松了 Lyapunov 偏移的上界，从而使得本地优化目标不是全局优化目标，降低了性能的增益。文献[64]提出了一种在信息中心网络中基于势能的转发算法，但是采用了随机存储。在文献[65]中，合作存储算法是在没有联合优化数据转发策略的情况下进行启发式设计的。这些现有的基于内容边缘存储系统的算法，由于网络巨大并且多跳传输，大多利用启发式算法或其他技术手段来避免数据转发和缓存之间的耦合，使得数据转发和缓存可以分别单独进行优化，这显著地简化了问题，但很难在系统性能上提供理论上的保证。

在内容边缘存储系统中，为了达到吞吐量最优的稳定性，每个节点的转发和缓存算法需要基于全网中准确的拥塞和数据请求信息进行优化。然而，常用的获取全网中准确的拥塞和数据请求信息的方法有一定的缺陷，例如采用洪泛算法对全网信息进行广播会带来巨大的通信开销。一种常用的间接获取网络状态信息的方法是背压算法[66]，该算法认为链路上的数据传输速率由发送端和接收端队列长度的差异驱动。文献[67]表明，采用背压算法，可以优化吞吐量性能，从而实现多跳网络的稳定性。已有工作大部分都采用了基于数据队列的背压算法。文献[68]提出了一种分布式资源分配算法，以满足在多跳网络中使用背压算法转发数据的多个会话的端到端吞吐量需求。然而，在内容边缘存储系统中，数据传输通常由数据请求者发起，并且存储内容的节点不需要维持长数据队列为数据转发提供压力。因此，基于数据队列的背压算法不能直接用于内容边缘存储系统。

（4）在无线通信系统中实现系统稳定性方法的研究。

下列几种常见的方法可保证系统稳定性，这些方法是在时延敏感系统中分配资源的方法[69]。大偏差[70]是一种将时延约束转化为速率约束的方法，但该方法仅在较大的时延容忍的条件下才能获得良好的性能。随机优超（Stochastic Majorization）[71]可以优化对称到达情况下的时延。对于时延敏感优化问题，最系统的方法是马尔可夫决策过程（Markov Decision Process，MDP），可以将一般情况下的时延最小化[72]。一般而言，最优控制策略可以通过求解贝尔曼方程来获得。然而，传统的解决方案，如蛮力迭代或策略迭代[72]，会带来非常高的复杂度。为了降低计算复杂度，一些工作采用随机逼近方法，如采用分布式在线学习算法[73]来解决贝尔曼方程，这样的方法具有理想的线性复杂度。然而，随机逼近方法只能给出一个数值解，可能会面临收敛缓慢、很难分析问题的内涵等困难。为了避免表征时延带来的困难，有些文章采用阻塞概率来间接表示时延。文献[74]采用离散马尔可夫过程讨论了随机时延，并且提出了一种调度策略来最大限度地减少时延，然而所提方法的复杂度依然非常高。

Lyapunov 优化[8]是一种有效的队列稳定性方法，只要平均到达速率在系统稳定区域内就能保证队列系统稳定。另外，Lyapunov 优化具有以下优点：

① 在复杂的系统中，调度策略（包括接入策略、功率分配、信道分配等等）只依赖于确定性优化问题的最优解，Lyapunov 优化可以获得闭式解。

② 每个用户只需要根据本地信息做出调度决策，不需要协调多个用户或多个系统，这使得分布式优化成为可能。

③ Lyapunov 优化可以较低的计算复杂度为代价来实现队列稳定性，这使得将本书提出的算法应用于具有不同数据到达模型和分布的场景成为可能。

1.7 主要内容与结构安排

本书旨在研究无线通信系统中面向队列稳定性的通信与计算资源分配算法，并在系统稳定性的基础上进一步优化时延、能耗等关键系统参数，设计最优的资源配置策略。为了应对由于接入用户数目持续增长，以及在无线通信系统中为用户提供的业务种类日益增多，造成相应的数据量和计算量呈指数型爆炸式增长这一巨大挑战，本书从提高传输能力、减少数据量以及将业务本地化三个方面展开研究。其中第 2 章和第 3 章通过频谱聚合技术来提高网络设备传输能力，研究了系统能耗、系统稳定性以及用户时延之间的折中关系。第 4 章通过协作多播中继技术来减少数据传输量，考虑中继选择方案对系统稳定性的影响。第 5 章至第 7 章通过移动边缘计算与内容边缘存储技术将业务本地化，考虑计算和存储调度策略对系统稳定性以及用户时延的影响，从而实现无线通信系统中面向队列稳定性的通信与计算资源分配。具体内容如下：

第 2 章和第 3 章通过频谱聚合技术为用户提供超宽带的数据传输服务。尽管频谱聚合可以将分散的频谱以及频谱碎片聚合为完整的、信道容量足够大的频谱，从而充分利用频谱异质性、实现系统层面的频率选择性分集、提高设备传输能力，但是共享使用频谱可能对系统稳定性以及用户时延带来潜在的影响。为从理论上分析频谱聚合技术对系统能耗与用户时延的影响，需要考虑以下两个问题：受限的频谱聚合能力如何影响系统稳定性？异构系统如何通过频谱聚合实现和谐共存？为此，本书针对频谱聚合系统建立了数据包队列模型，在保证队列稳定性的基础上，设计了信道与功率联合分配算法，并闭式分析了系统的平均数据包队列长度。本书考虑了受限的频谱聚合能力、频谱聚合电路能耗、队列长度估计、信道估计等非理想因素。在同构频谱聚合系统中，本书设计了具有时延约束的能量有效调度算法并推导出了系统平均功率和平均时延的闭式折中关系。在此基础上，本书还讨论了频谱聚合能力对能耗及时延的影响，并分析了业务场景和信道数目等系统参数对算法性能的影响；在异构频谱聚合系统中，本书构建了理论框架，充分分析了干扰控制对异构频谱聚合的本质影响，并提出了闭式的修正注水功率分配方案。本书提出的方案综合考虑了用户间干扰、信道条件以及队列长度等因素的影响，可在保障队列稳定性的同时提高频谱聚合系统性能。这一分析为异构系统共存问题提供了新的参考，基于 LBT 和 DCM 的机会式频谱接入法则依赖于信道感知，从而避免了多用户同时传输，但不能利用轻负载系统中额外的可用容量。为了满足用户多样化的需求，本书允许多用户基于链路自适应使用同一个信道进行传输，并通过异构频谱聚合来挖掘网络资源的更大自由度，从而最优化无线频谱资源的利用。分析结果显示，平均功率和平均时延呈线性折中关系；频谱聚合技术可以显著提高传输能力，并降低总能耗。相关研究工作已经发表在 *IEEE Transactions on Wireless Communications*

期刊以及受邀发表在 *IEEE Transactions on Green Communications and Networking* 期刊。

第 4 章研究了通过协作多播中继技术支持海量高速数据传输。尽管协作多播中继技术可以通过一对多同时传输来显著减少传输内容，并通过分集技术有效对抗信道衰落来显著提升数据传输速率；将多播技术与 SVC 技术结合，能够进一步减少传输内容，进而提升性能增益，但是中继选择方案可能对系统稳定性带来潜在的影响。为从理论上分析协作多播中继技术对系统传输效率及稳定性的影响，需要考虑以下两个问题：受限的信道数目如何影响系统传输效率？如何采用恰当的中继选择方案以保证系统稳定性？为此，本书在协作多播中继系统中建立双跳协作多播中继模型，综合考虑系统传输效率、用户公平性以及队列稳定性等因素，研究协作多播中继系统的信道分配与中继选择。对于多目标优化问题，考虑受限的信道数量，本书设计了字典序最优的联合信道分配与中继选择，并从几何角度建立渐近等价分析结构，证明了算法的解具有帕雷托最优性与唯一性。在此基础上，本书分析了信道数量、中继节点数量等系统参数对算法性能的影响。为了保证队列稳定性，本书建立了数据包队列模型，通过采用 Lyapunov 优化和强化学习，提出了一种低开销的多播中继选择方案并分析了业务场景和中继数目等系统参数对算法性能的影响。分析结果显示，协作多播中继技术可以显著减少传输内容并改善传输条件，继而从多维度提升系统性能。相关研究工作已经发表在 IEEE WCNC 2017 国际会议论文集、*IEEE Transactions on Communications* 期刊。

第 5 章至第 7 章研究通过移动边缘计算与内容边缘存储技术在离用户更近的网络边缘提供计算与存储服务。尽管移动边缘计算与内容边缘存储技术可以将计算和存储资源布置在靠近用户的边缘节点上，从而显著缓解网络传输压力以及用户计算压力，但是计算、存储资源与通信资源的折中会对系统稳定性以及用户时延带来潜在的影响。为从理论上分析移动边缘计算与内容边缘存储技术对系统稳定性与用户时延的影响，需要考虑以下几个问题：如何在本地获取数据请求和网络拥塞信息？如何通过本地优化来保证系统稳定性？对于相互耦合的队列，如何对这种动态的状态依赖受控随机游走过程进行稳态分析从而闭式得到用户时延性能？为了提升用户计算服务质量，本书在移动边缘计算系统中建立了数据与计算双队列模型，设计了面向队列稳定性的联合通信与计算资源分配算法，并推导出系统平均队列长度的上界。在此基础上，考虑到用户和 MEC 服务器的存储空间受限，本书采用强逼近的方法将队列动态的离散时间受控随机游走过程转化为带反射的连续时间随机微分方程，并通过对随机微分方程进行稳态分析，闭式得到了用户时延性能。为了提升用户数据服务质量，本书在内容边缘存储系统中建立了包含请求队列和数据队列的双队列系统，并且设计了请求队列和数据队列之间的动态映射，实现了在本地提取全网中的数据需求和网络拥塞信息。通过随机网络效用最大化的方法，本书设计了一种低开销的分布式转发与存储算法。在此基础上，本书证明了提出算法的队列稳定性，并推导出了在随机环境中算法的区域稳定性。分析结果显示，与移动设备建立更紧密相连的计算和缓存能力可以显著改善用户的计算与传输条件、减少传输内容，从而有效降低通信时延。相关研究工作已经发表在 *IEEE/ACM Transactions on Networking*、*IEEE Transactions on Communications*、*IEEE Transactions on Network Science and Management* 等期刊。

　　第 8 章总结了全书的主要内容，并提出了进一步的研究方向。

参考文献

[1] Andrews J G, Buzzi S, Choi W, et al. What will 5G be?[J]. IEEE Journal on Selected Areas in Communications, 2014, 32(6): 1065-1082.

[2] Chen S, Zhao J. The requirements, challenges, and technologies for 5G of terrestrial mobile telecommunication[J]. IEEE Communications Magazine, 2014, 52(5): 36-43.

[3] 王妍, 彭莹. 国际电信联盟（ITU）6G 标准化研究[J]. 电信科学, 2023, 39(6): 129-138.

[4] Index C V N. Cisco visual networking index:global mobile data traffic forecast update 2014-2019[R]. CISCO, 2015.

[5] Shen Z, Papasakellariou A, Montojo J, et al. Overview of 3GPP LTE-advanced carrier aggregation for 4G wireless communications[J]. IEEE Communications Magazine, 2012, 50(2): 122-130.

[6] Wang W, Zhang Z, Huang A. Spectrum aggregation: Overview and challenges[J]. Netw. Protoc. Algorithms, 2010, 2(1): 184-196.

[7] Militano L, Niyato D, Condoluci M, et al. Radio resource management for group-oriented services in LTE-A[J]. IEEE Transactions on Vehicular Technology, 2014, 64(8): 3725-3739.

[8] Neely M J. Stochastic network optimization with application to communication and queueing systems[M]. Berlin：Springer, 2022.

[9] Zhang R, Zheng Z, Wang M, et al. Equivalent capacity analysis of LTE-advanced systems with carrier aggregation[C]//2013 IEEE International Conference on Communications, 2013: 6118-6122.

[10] Bayhan S, Gür G, Zubow A. The future is unlicensed: Coexistence in the unlicensed spectrum for 5G[J]. arXiv: 1801-04964.

[11] Chen B, Chen J, Gao Y, et al. Coexistence of LTE-LAA and Wi-Fi on 5 GHz with corresponding deployment scenarios: A survey[J]. IEEE Communications Surveys and Tutorials, 2016, 19(1): 7-32.

[12] Lv L, Chen J, Ni Q, et al. Design of cooperative non-orthogonal multicast cognitive multiple access for 5G systems: User scheduling and performance analysis[J]. IEEE Transactions on Communications, 2017, 65(6): 2641-2656.

[13] Shi X, Medard M, Lucani D E. Whether and where to code in the wireless packet erasure relay channel[J]. IEEE Journal on Selected Areas in Communications, 2013, 31(8): 1379-1389.

[14] Khamfroush H, Pahlevani P, Lucani D E, et al. On the coded packet relay network in the presence of neighbors: Benefits of speaking in a crowded room[C]// 2014 IEEE International Conference on Communications, 2014: 1928-1933.

[15] Hu B, Zhao H V, Jiang H. Wireless multicast using relays: Incentive mechanism and analysis[J]. IEEE Transactions on Vehicular Technology, 2012, 62(5): 2204-2219.

[16] Kyasanur P, Vaidya N H. Capacity of multi-channel wireless networks: impact of number of channels and interfaces[C]// Proceedings of the 11th Annual International Conference on Mobile Computing and Networking, 2005: 43-57.

[17] Mao Y, Zhang J, Song S H, et al. Stochastic joint radio and computational resource management for multi-user mobile-edge computing systems[J]. IEEE Transactions on Wireless Communications, 2017, 16(9): 5994-6009.

[18] Chen X, Jiao L, Li W, et al. Efficient multi-user computation offloading for mobile-edge cloud computing[J]. IEEE/ACM Transactions on Networking, 2015, 24(5): 2795-2808.

[19] You C, Huang K, Chae H, et al. Energy-efficient resource allocation for mobile-edge computation offloading[J]. IEEE Transactions on Wireless Communications, 2016, 16(3): 1397-1411.

[20] Yang C, Yao Y, Chen Z, et al. Analysis on cache-enabled wireless heterogeneous networks[J]. IEEE Transactions on Wireless Communications, 2015, 15(1): 131-145.

[21] Luo J, Zhang J, Cui Y, et al. Asymptotic analysis on content placement and retrieval in MANETs[J]. IEEE/ACM Transactions on Networking, 2016, 25(2): 1103-1118.

[22] Wu F, Mao Y, Leng S, et al. A carrier aggregation based resource allocation scheme for pervasive wireless networks[C]// 2011 IEEE Ninth International Conference on Dependable, Autonomic and Secure Computing, 2011: 196-201.

[23] Shajaiah H, Abdel-Hadi A, Clancy C. Utility proportional fairness resource allocation with carrier aggregation in 4G-LTE[C]// MILCOM 2013-2013 IEEE Military Communications Conference, 2013: 412-417.

[24] Abdelhadi A, Clancy C. An optimal resource allocation with joint carrier aggregation in 4G-LTE[C]// 2015 International Conference on Computing, Networking and Communications, 2015: 138-142.

[25] Shajaiah H, Abdel-Hadi A, Clancy C. Spectrum sharing between public safety and commercial users in 4G-LTE[C]// 2014 International Conference on Computing, Networking and Communications, 2014: 674-679.

[26] Zhang R, Wang M, Zheng Z, et al. Cross-layer carrier selection and power control for LTE-A uplink with carrier aggregation[C]// 2013 IEEE Global Communications Conference, 2013: 4668-4673.

[27] Liu F, Zheng K, Xiang W, et al. Design and performance analysis of an energy-efficient uplink carrier aggregation scheme[J]. IEEE Journal on Selected Areas in Communications, 2013, 32(2): 197-207.

[28] Chen L, Liu C, Hong X, et al. Capacity and delay tradeoff of secondary cellular networks with spectrum aggregation[J]. IEEE Transactions on Wireless Communications, 2018, 17(6): 3974-3987.

[29] Lee H, Vahid S, Moessner K. A survey of radio resource management for spectrum aggregation in LTE-advanced[J]. IEEE Communications Surveys and Tutorials, 2013, 16(2): 745-760.

[30] Varshney L R. Transporting information and energy simultaneously[C]// 2008 IEEE International Symposium on Information Theory, 2008: 1612-1616.

[31] Galaviz G, Covarrubias D H, Andrade A G. On a spectrum resource organization strategy for scheduling time reduction in carrier aggregated systems[J]. IEEE Communications Letters, 2011, 15(11): 1202-1204.

[32] Zhang Q, Wang Q, Feng Z, et al. Design and performance analysis of a fairness-based license-assisted access and resource scheduling scheme[J]. IEEE Journal on Selected Areas in Communications, 2016, 34(11): 2968-2980.

[33] Liu Y, Wang G, Xiao M, et al. Spectrum sensing and throughput analysis for cognitive two-way relay networks with multiple transmit powers[J]. IEEE Journal on Selected Areas in Communications, 2016, 34(11): 3038-3047.

[34] Khawer M R, Tang J, Han F. usICIC—A proactive small cell interference mitigation strategy for improving spectral efficiency of LTE networks in the unlicensed spectrum[J]. IEEE Transactions on Wireless Communications, 2015, 15(3): 2303-2311.

[35] Chen Q, Yu G, Ding Z. Optimizing unlicensed spectrum sharing for LTE-U and WiFi network coexistence[J]. IEEE Journal on Selected Areas in Communications, 2016, 34(10): 2562-2574.

[36] Li P, Zhang H, Zhao B, et al. Scalable video multicast with adaptive modulation and coding in broadband wireless data systems[J]. IEEE/ACM Transactions on Networking, 2011, 20(1): 57-68.

[37] Wu Y S, Yeh C H, Tseng W Y, et al. Scalable video streaming transmission over cooperative communication networks based on frame significance analysis[C]// 2012 IEEE International Conference on Signal Processing, Communication and Computing, 2012: 274-279.

[38] Nguyen T V, Cosman P C, Milstein L B. Double-layer video transmission over decode-and-forward wireless relay networks using hierarchical modulation[J]. IEEE Transactions on Image Processing, 2014, 23(4): 1791-1804.

[39] Hwang D, Chau P, Shin J, et al. Two cooperative multicast schemes of scalable video in relay‐based cellular networks[J]. IET Communications, 2015, 9(7): 982-989.

[40] Zhou Y, Liu H, Pan Z, et al. Spectral-and energy-efficient two-stage cooperative multicast for LTE-advanced and beyond[J]. IEEE Wireless Communications, 2014, 21(2): 34-41.

[41] Zhou Y, Liu H, Pan Z, et al. Two-stage cooperative multicast transmission with optimized power consumption and guaranteed coverage[J]. IEEE Journal on Selected Areas in Communications, 2013, 32(2): 274-284.

[42] Maric I, Yates R D. Cooperative multihop broadcast for wireless networks[J]. IEEE Journal on Selected Areas in Communications, 2004, 22(6): 1080-1088.

[43] Sirkeci-Mergen B, Scaglione A. On the power efficiency of cooperative broadcast in dense wireless networks[J]. IEEE Journal on Selected Areas in Communications, 2007, 25(2): 497-507.

[44] Ratnakar N, Kramer G. The multicast capacity of deterministic relay networks with no interference[J]. IEEE Transactions on Information Theory, 2006, 52(6): 2425-2432.

[45] Alay O, Korakis T, Wang Y, et al. Layered wireless video multicast using omni-directional relays[C]// 2008 IEEE International Conference on Acoustics, Speech and Signal Processing, 2008: 2149-2152.

[46] Shi Y, Sharma S, Hou Y T, et al. Optimal relay assignment for cooperative communications[C]// Proceedings of the 9th ACM international symposium on Mobile ad hoc networking and computing, 2008: 3-12.

[47] Lu Y, Wang W, Chen L, et al. Distance-based energy-efficient opportunistic broadcast forwarding in mobile delay-tolerant networks[J]. IEEE Transactions on Vehicular Technology, 2015, 65(7): 5512-5524.

[48] Yang D, Fang X, Xue G. OPRA: Optimal relay assignment for capacity maximization in cooperative networks[C]// 2011 IEEE International Conference on Communications, 2011: 1-6.

[49] Homayounzadeh A, Mahdavi M. Performance analysis of cooperative cognitive radio networks with imperfect sensing[C]// 2015 International Conference on Communications, Signal Processing, and their Applications, 2015: 1-6.

[50] Narayanan S, Di Renzo M, Graziosi F, et al. Distributed spatial modulation: A cooperative diversity protocol for half-duplex relay-aided wireless networks[J]. IEEE Transactions on Vehicular Technology, 2015, 65(5): 2947-2964.

[51] Xu H, Huang L, Liu G, et al. Optimal relay assignment for fairness in wireless cooperative networks[J]. International Journal of Ad Hoc and Ubiquitous Computing, 2012, 9(1): 42-53.

[52] Huang D, Wang P, Niyato D. A dynamic offloading algorithm for mobile computing[J]. IEEE Transactions on Wireless Communications, 2012, 11(6): 1991-1995.

[53] Liu J, Mao Y, Zhang J, et al. Delay-optimal computation task scheduling for mobile-edge computing systems[C]// 2016 IEEE International Symposium on Information Theory, 2016: 1451-1455.

[54] Jiang Z, Mao S. Energy delay tradeoff in cloud offloading for multi-core mobile devices[J]. IEEE Access, 2015, 3: 2306-2316.

[55] Kosta S, Aucinas A, Hui P, et al. Thinkair: Dynamic resource allocation and parallel execution in the cloud for mobile code offloading[C]// 2012 Proceedings IEEE Infocom, 2012: 945-953.

[56] Sardellitti S, Scutari G, Barbarossa S. Joint optimization of radio and computational resources for multicell mobile-edge computing[J]. IEEE Transactions on Signal and Information Processing over Networks, 2015, 1(2): 89-103.

[57] Kumar N, Zeadally S, Rodrigues J J P C. Vehicular delay-tolerant networks for smart grid data management using mobile edge computing[J]. IEEE Communications Magazine, 2016, 54(10): 60-66.

[58] Mach P, Becvar Z. Mobile edge computing: A survey on architecture and computation offloading[J]. IEEE Communications Surveys and Tutorials, 2017, 19(3): 1628-1656.

[59] Dehghan M, Jiang B, Seetharam A, et al. On the complexity of optimal request routing and content caching in heterogeneous cache networks[J]. IEEE/ACM Transactions on Networking, 2016, 25(3): 1635-1648.

[60] Khreishah A, Chakareski J, Gharaibeh A. Joint caching, routing, and channel assignment for collaborative small-cell cellular networks[J]. IEEE Journal on Selected Areas in Communications, 2016, 34(8): 2275-2284.

[61] Ioannidis S, Yeh E. Jointly optimal routing and caching for arbitrary network topologies[C]// Proceedings of the 4th ACM Conference on Information-Centric Networking, 2017: 77-87.

[62] Yeh E, Ho T, Cui Y, et al. VIP: A framework for joint dynamic forwarding and caching in named data networks[C]// Proceedings of the 1st ACM Conference on Information-Centric Networking, 2014: 117-126.

[63] Lai F, Qiu F, Bian W, et al. Scaled VIP algorithms for joint dynamic forwarding and caching in named data networks[C]// Proceedings of the 3rd ACM Conference on Information-Centric Networking, 2016: 160-165.

[64] Eum S, Nakauchi K, Murata M, et al. CATT: potential based routing with content caching for ICN[C]// Proceedings of the second edition of the ICN workshop on Information-centric networking, 2012: 49-54.

[65] Ming Z, Xu M, Wang D. Age-based cooperative caching in information-centric networks[C]// 2012 Proceedings IEEE INFOCOM Workshops, 2012: 268-273.

[66] Awerbuch B, Leighton T. A simple local-control approximation algorithm for multicommodity flow[C]// Proceedings of 1993 IEEE 34th Annual Foundations of Computer Science, 1993: 459-468.

[67] Cui Y, Yeh E M, Liu R. Enhancing the delay performance of dynamic backpressure algorithms[J]. IEEE/ACM Transactions on Networking, 2015, 24(2): 954-967.

[68] Wang W, Shin K G, Wang W. Distributed resource allocation based on queue balancing in multihop cognitive radio networks[J]. IEEE/ACM Transactions on Networking, 2011, 20(3): 837-850.

[69] Wang W, Lau V K N. Delay-aware cross-layer design for device-to-device communications in future cellular systems[J]. IEEE Communications Magazine, 2014, 52(6): 133-139.

[70] Cui Y, Lau V K N, Wang R, et al. A survey on delay-aware resource control for wireless systems—Large deviation theory, stochastic Lyapunov drift, and distributed stochastic learning[J]. IEEE Transactions on Information Theory, 2012, 58(3): 1677-1701.

[71] Yeh E M. Multiaccess and fading in communication networks[D]. Cambridge: Massachusetts Institute of Technology, 2001.

[72] Bertsekas D. Dynamic programming and optimal control: Volume I[M]. Nashua, SH: Athena scientific, 2012.

[73] Cui Y, Huang Q, Lau V K N. Queue-aware dynamic clustering and power allocation for network MIMO systems via distributed stochastic learning[J]. IEEE Transactions on Signal Processing, 2010, 59(3): 1229-1238.

[74] Ji B, Gupta G R, Sharma M, et al. Achieving optimal throughput and near-optimal asymptotic delay performance in multichannel wireless networks with low complexity: a practical greedy scheduling policy[J]. IEEE/ACM Transactions on Networking, 2014, 23(3): 880-893.

第 2 章
频谱聚合系统中时延受限的能量有效调度研究

2.1 概述

2.1.1 频谱聚合技术

频谱聚合（SA）[1-2]在无线通信系统中有其独特的价值。通过频谱聚合，设备能够通过绑定零碎的频谱形成完整的频谱，从而为用户提供均匀的宽带业务。理论分析和实验结果表明，频谱聚合可以在显著提高系统性能同时降低能耗[3]。最近，SA 成为 5G 标准化的增强型移动宽带的关键提案之一。

2.1.2 时延优化在频谱聚合系统中的挑战

未来的无线通信系统对支持更高的数据传输速率和更实时的服务提出了严格的要求[4]。高数据传输速率的无线传输耗费巨大的能量，而实时服务对时延要求更加严格。能耗和时延性能对于无线通信系统的可靠性和稳定性至关重要[5]。文献[6-7]讨论了能量和时延之间的权衡，文献[6]在单个用户系统中应用马尔可夫决策过程解决了该问题；当系统有多个用户存在时，算法的复杂度非常高，文献[7]用 Lyapunov 方法解决了这个问题，提出的算法可应用于无线多用户单信道系统。

通过频谱聚合，设备可以根据业务的需求自适应调整使用的信道数目，从而为节省能耗提供了更大的自由度。出于实际考虑，本章涉及的技术挑战如下：

（1）频谱聚合能力受限对时延性能的影响。出于实际硬件限制的考量[8-9]，设备的频谱聚合能力是受限的，即设备只可以聚合有限数量的信道。频谱聚合能力受限导致速率、功率和信道分配复杂地耦合在一起，这对系统时延性能的影响并不是显而易见的，并且传统的基于 Lyapunov 优化的调度算法[7]是不适用的。

（2）考虑频谱聚合电路的能耗。频谱聚合的处理需要特定电路的支持，其中每个信道需要消耗一定的能量，每个设备聚合多个信道也需要消耗一定的能量[10]。因此，总能耗会根据信道分配的组合的变化而变化，这部分能量在设计能量有效调度算法时应当予以考虑。

尽管存在上述挑战，但是频谱聚合使得一个用户设备可以使用多个信道同时传输数据。很明显，一个用户使用多个信道进行协同注水可以有效降低能耗。如果更多个信道进行协同注水，那么能耗将进一步降低。在时延约束的频谱聚合系统中，由于频谱聚合能力的限制，本章提出为用户进行差异化注水方案，即对一部分用户的信道协同进行注水而对其他用户的信道单独注水。协同注水的用户数量取决于频谱聚合能力。

2.1.3　频谱聚合系统研究现状

2.1.3.1　频谱聚合资源优化

在频谱聚合资源优化方面有很多已有的工作。文献[11]提出了一种同时考虑效率和公平性的启发式次优算法，并且通过分别单独优化两个参数来降低复杂度。文献[12]提出了一种最优算法，但是只考虑了两个信道。文献[13]通过对偶拉格朗日法，提出了一种基于对数效用比例公平的频谱聚合资源分配算法。文献[14]研究了两个用户（公共安全和商用 LTE 用户）之间的频谱共享，并提出了一种资源分配算法，为公共安全用户提供优先服务。为了提高平均吞吐量，文献[15]提出了一种联合信道分配和功率控制的策略。文献[16]提出了一种能量有效的动态载波聚合调度方案，针对弹性流量提出了基于每焦每比特的能量度量方式。对于具有频谱聚合的认知无线电网络，文献[17]研究了系统容量和时延的折中关系，并利用近似的方法来表征时延分布，但只能通过仿真来描述其性能下降。文献[18]针对 LTE-A 中的频谱聚合系统无线频谱资源管理做了详细调研,其中性能增益大多来自优先向具有良好信道条件的用户分配更多的资源。由于资源的调度时延会对总时延产生很大影响,因此文献[19-20]提出了不同的调度结构,从而最小化调度时延。与上述工作不同的是,本章针对实际条件,包括频谱聚合能力和频谱聚合的电路结构,这给频谱聚合资源分配带来了新的技术挑战。考虑到时延约束系统的频谱聚合能力限制,这些挑战变得更加困难,因为只能为有紧急需求的用户分配有限数量的信道,同时还需要满足其时延约束条件。这种限制导致速率、功率和信道分配复杂地耦合在一起,这些对时延性能的影响不是显而易见的。

2.1.3.2　时延感知

对于时延感知优化问题,最系统的方法是马尔可夫决策过程。一般而言,最优控制策略可以通过求解贝尔曼方程来获得。然而,传统的解决方案,如蛮力迭代或策略迭代[21],该算法的复杂度非常高。为了降低计算复杂度,一些工作采用随机逼近方法,即采用分布式在线学习算法[22]来解决贝尔曼方程,这种方法具有理想的线性复杂度。然而,随机逼近方法只能给出一个数值解,可能会面临收敛缓慢、很难分析问题的内涵等困难。为了避免表征时延带来的困难,有些文章采用阻塞概率来间接表示时延。文献[23]采用离散马尔可夫过程讨论了随机时延,并且提出了一种调度策略来最大限度地减少时延,但算法的复杂度也很高。

2.1.4　贡献

本章设计了具有时延约束的频谱聚合能量有效调度算法(energy Efficient Scheduling for delay-constrained Spectrum Aggregation,ESSA)。考虑到频谱聚合能力和电路能耗,ESSA 通过确定数据速率、发射功率和信道分配,在满足平均时延约束的同时尽可能多地降低能耗。调度决策是根据信道质量和数据队列长度做出的。具体而言,本章分两步设计 ESSA。首先,在给定总数据速率和信道分配的情况下,最小化频谱聚合的总能耗,包括发射功率和电路功率;将用户划分为规矩/不规矩用户集合,对不同的用户进行差异化注水。其次,基于功率控制的结果,提出了一种基于 Lyapunov 优化的次优调度算法,以迭代的方式确定总数据速率和信道分配。仿真结果表明，ESSA 可以显著降低时延受限频谱聚合系统的能耗。

2.2 频谱聚合系统模型

在本节中，首先，介绍频谱聚合系统的物理层模型；其次，考虑到频谱聚合电路的具体结构，给出了频谱聚合的电路能耗模型；最后，提出了频谱聚合系统时延约束下的功率最小化问题。

考虑一个频谱聚合系统，它包括共享 K 条时变信道和 N 个用户（发射机–接收机对），每条信道具有相同的带宽。分别把 $\mathcal{N}$ 和 $\mathcal{K}$ 记做用户和信道的集合，即 $\mathcal{N} = \{1,2,\cdots,N\}$ 和 $\mathcal{K} = \{1,2,\cdots,K\}$。由于频谱聚合能力限制，每个用户至多可以同时使用 M 个信道进行数据传输。时间被分成若干时隙，并且每个时隙的持续时间被假定为一个时间单位。

令 $x_i(t)$ 表示发射机 i 发射的信号。接收机 i 使用信道 j 的接收信号是

$$y_i(t) = h_j^i(t)\sqrt{P_j(t)}x_i(t) + n_i(t) \tag{2-1}$$

式中，$h_j^i(t)$ 表示用户 i 使用信道 j 时的复信道衰落系数；$P_j(t)$ 表示信道 j 上的传输功率；$n_i(t)$ 表示独立同分布的复高斯信道白噪声，其功率是 N_0。当用户 i 使用信道 j 进行传输时，其接收机的信噪比是

$$\gamma_i^j(t) = \frac{\left|h_j^i(t)\right|^2}{N_0}P_j(t) \tag{2-2}$$

令 $\mathbf{S}(t)$ 记做时隙 t 时的全局信道状态，即 $\mathbf{S}(t) = \{S_j^i(t), j \in \mathcal{K}, i \in \mathcal{N}\}$，其中 $S_j^i(t)$ 表示用户 i 在时隙 t 使用信道 j 时的信道状态，该信道状态在时隙内保持不变并且是独立同分布的。

在每个时隙开始时，集中控制器调度用户进行传输并确定如下的调度控制变量：

（1）传输速率 $r(t)$：$r(t) = \{r_i(t), \forall i \in \mathcal{N}\}$，其中 $r_i(t)$ 表示用户 i 在时隙 t 的传

输速率。

（2）传输功率 $\boldsymbol{P}(t)$：$\boldsymbol{P}(t)=\{P_j(t),\forall j\in\mathcal{K}\}$，其中 $P_j(t)$ 表示信道 j 在时隙 t 的传输功率。

（3）信道分配 $\boldsymbol{b}(t)$：$\boldsymbol{b}(t)=\{b_j^i(t),\forall i\in\mathcal{N},\forall j\in\mathcal{K}\}$，其中 $b_j^i(t)=1$ 表示用户 i 在时隙 t 使用信道 j 进行传输。

传输速率 $r_i(t)$ 与信道分配、功率分配以及相应的信道状态有关。

$$r_i(t)=\sum_{j\in\mathcal{K}}b_j^i(t)R_j(t) \tag{2-3}$$

式中，$R_j(t)$ 表示信道 j 的传输速率，可以表示为

$$R_j(t)=\sum_{i\in\mathcal{N}}b_j^i(t)\log_2[1+S_j^i(t)P_j(t)] \tag{2-4}$$

注意到，$\boldsymbol{b}(t)$ 应满足 $\sum_{j\in\mathcal{K}}b_j^i(t)\le M,\forall i\in\mathcal{N}$，这是频谱聚合能力受限造成的，并且 $\sum_{i\in\mathcal{N}}b_j^i(t)\le 1,\forall j\in\mathcal{K}$，表示在同一时隙，同一信道只能至多被一个用户使用。

尽管频谱聚合有不同的电路实现[10,24]，但共同特征之一是由同一用户聚合的信道可以共享一部分电路模块。考虑到频谱聚合电路的具体结构，如图 2-1 所示，本章将频谱聚合电路划分为两部分。

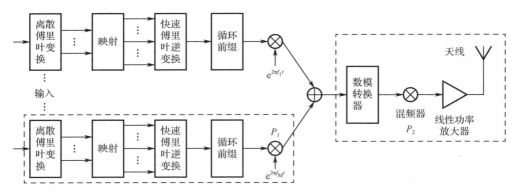

图 2-1　频谱聚合电路结构

（1）独立模块：每组独立模块可以进行单个信道的处理，通常包括离散傅里叶变换（Discrete Fourier Transform，DFT）、映射、快速傅里叶逆变换（Inverse

Fast Fourier Transform，IFFT）、循环前缀插入、时钟脉冲插入和乘法器。

（2）共享模块：共享模块提供了设备聚合多个信道的功能，通常包括数模转换器（Digital to Analog Converter，DAC）、混频器、线性功率放大器（Linear Power Amplifier，LPA）和天线。

将 P_1 表示为一组独立模块的能耗，P_2 表示共享模块的能耗。基于上述频谱聚合电路结构，总电路能耗 $P_c(t)$ 可以表示为

$$P_c(t) = \sum_{i \in \mathcal{N}} \sum_{j \in \mathcal{K}} b_j^i(t) P_1 + \sum_{i \in \mathcal{N}} \left(1 - \prod_{j \in \mathcal{N}} [1 - b_j^i(t)]\right) P_2 \qquad （2\text{-}5）$$

注意到，如果用户使用任意数目的信道，共享模块会消耗功率。如果用户 i 聚合了至少一条信道进行传输，即 $\exists j \in \mathcal{K}, b_j^i(t) = 1$，则 $\prod_{j \in \mathcal{K}} [1 - b_j^i(t)] = 0$，用户 i 的共享模块消耗功率为 P_2。

由于功率和时延都是无线通信系统中的关键性能指标，因此在能耗和时延性能之间存在内在的折中关系。对于频谱聚合来说，由于前面提到的挑战，它们之间的折中关系比传统的系统更复杂。本章着重推导时延约束频谱聚合的能量有效调度来平衡功率和时延。

为了分析平均队列时延，首先讨论数据队列长度，因为平均队列时延可以由平均队列长度计算出[26]。每个用户在其发射机处拥有一个数据队列，用户 i 在时隙 t 的数据队列长度记为 $U_i(t)$。从应用层随机到达的数据包数目（比特数）记做 $\mathbf{A}(t) = \{A_i(t), \forall i \in \mathcal{N}\}$，其中 $A_i(t)$ 表示用户 i 在时隙 t 到达数据包数目。假设 $\mathbf{A}(t)$ 对于时间是独立同分布的，并且满足 $E[A_i(t)] = \lambda_i$，其中 λ_i 是用户 i 的平均到达速率。那么，$U_i(t)$ 可以表示为

$$U_i(t+1) = \max\{U_i(t) - r_i(t)\} + A_i(t) \qquad （2\text{-}6）$$

本章的目标是通过调度来最小化具有时延约束的频谱聚合系统的能耗，这可以显式地表述为

$$\min_{\mathbf{b}(t), \mathbf{P}(t)} \sum_{j=1}^{\mathcal{K}} \sum_{i=1}^{\mathcal{N}} b_j^i(t) P_j(t) + P_c(t) \qquad （2\text{-}7）$$

$$\text{s.t.} \frac{E\left[\sum_{i=1}^{N} U_i(t)\right]}{N} \leqslant Q \tag{2-8}$$

$$E\left[\sum_{j=1}^{K} b_j^i(t) R_j(t)\right] \geqslant \lambda_i \tag{2-9}$$

$$\sum_{j=1}^{K} b_j^i(t) \leqslant M \tag{2-10}$$

$$\sum_{i=1}^{N} b_j^i(t) \leqslant 1 \tag{2-11}$$

式（2-8）是时延约束，其中 Q 表示对相应于平均时延的目标队列长度；式（2-9）是系统稳定性约束；式（2-10）是频谱聚合能力限制；式（2-11）表示每个信道在同一个时刻只能由一个用户使用。

2.3 面向队列稳定性的功率最优算法设计

面向队列稳定性的功率优化问题是一个混合整数规划问题，并且已经被证明为 NP 难问题，通常难以有效解决。本节分两步设计调度方案。首先，在给定总数据速率和信道分配的情况下，最小化频谱聚合系统的总能耗；考虑到时延约束和频谱聚合能力约束，将用户划分为规矩/不规矩用户集合，并对它们采取差异化注水。其次，基于给定总数据速率和信道分配的最小能耗的结果，提出了一种基于 Lyapunov 优化的次优调度算法，以迭代的方式来确定总数据速率和信道分配；基于差异化注水原则，采用 Lyapunov 优化方法，根据当前队列长度自适应优化数据速率。

2.3.1 差异化注水原则

首先，考虑在给定总数据速率和信道分配矩阵条件下，如何最小化能耗，这为设计 ESSA 奠定了基础。

在频谱聚合系统中，一个用户可以聚合多个信道，这样一来，我们可以通过对同一用户使用的多个信道进行协同注水来降低能耗。其原因如下，根据琴生不等式，由于数据速率是发射功率的递增凹函数，因此满足多个信道上的速率总和的能耗不超过满足每个信道上的速率的能耗。更进一步，我们可以多个用户协同注水，从而进一步降低能耗。与固定每个用户的数据速率相比，给定总速率的功率分配算法可以提供更大的自由度以最小化能耗。具体而言，在给定的总和速率下，用户之间可以协同进行注水，由于香农信道容量的能耗和速率呈指数关系，协同注水可以进一步降低能耗。让我们考虑一个启发性例子，即 N 个用户在 N 个平衰落信道上传输。对于给定的每个用户数据速率为 $r_i, \forall i \in \mathcal{N}$ ，其能耗为 $\sum_{i \in \mathcal{N}} 2^{r_i} - N$ ；而对于给定总数据速率 $\sum_{i \in \mathcal{N}} r_i$ ，其能耗为 $N \sum_{i \in \mathcal{N}} 2^{r_i/N} - N$ 。显然 $\sum_{i \in \mathcal{N}} 2^{r_i} - N \geqslant N \sum_{i \in \mathcal{N}} 2^{r_i/N} - N$ ，这意味着用户协同注水能够进一步降低能耗。

在给定总数据速率和信道分配矩阵下，本节采用速率约束。这是由于总数据速率由当前队列长度以及目标队列长度 Q 共同决定，因此，采用总数据速率约束来替代队列长度约束，可以重写能耗最小化问题：

$$\min_{\boldsymbol{b}(t),\boldsymbol{P}(t)} \sum_{j=1}^{K}\sum_{i=1}^{N} b_j^i(t) P_j(t) + P_c(t) \tag{2-12}$$

$$\text{s.t.} \sum_{j \in \mathcal{K}} \sum_{i \in \mathcal{N}} b_j^i(t) \log_2(1 + S_j^i(t) P_j(t)) = \sum_{i \in \mathcal{N}} r_i \tag{2-13}$$

$$E\left[\sum_{j=1}^{\mathcal{K}} b_j^i(t) R_j(t)\right] \geqslant \lambda_i, \forall i \in \mathcal{N} \tag{2-14}$$

$$\sum_{j=1}^{\mathcal{K}} b_j^i(t) \leqslant M, \forall i \in \mathcal{N} \tag{2-15}$$

$$\sum_{i=1}^{\mathcal{N}} b_j^i(t) \leqslant 1, \forall j \in \mathcal{K} \tag{2-16}$$

式中，用总速率约束式（2-16）可保证 K 个信道提供足够大的容量来支持传输，从而保证系统的稳定性。请注意，本节用总速率约束代替队列长度约束，在这种情况下，只需要根据总数据速率约束来分配功率。

为了解决上述优化问题，首先考虑一个简单的情况：只考虑式（2-13）和式（2-16）以分析问题的内涵。根据式（2-12）和式（2-13）建立拉格朗日函数：

$$Z[P_j(t),\gamma] = \sum_{j=1}^{K}\sum_{i=1}^{N} b_j^i(t)P_j(t) - \gamma\left\{\sum_{j\in\mathcal{K}}\sum_{i\in\mathcal{N}} b_j^i(t)\log_2[1+S_j^i(t)P_j(t)] - \sum_{i\in\mathcal{N}} r_i\right\} \qquad (2\text{-}17)$$

式中，γ 是拉格朗日乘子。

通过拉格朗日法，即函数 $Z[P_j(t),\gamma]$ 对 $P_j(t)$ 求偏导，并令其等于 0，得到

$$\sum_{i\in\mathcal{N}} b_j^i(t) - \gamma\left(\sum_{i\in\mathcal{N}} b_j^i(t)\frac{S_j^i(t)\ln 2}{1+S_j^i(t)P_j(t)}\right) = 0 \qquad (2\text{-}18)$$

对于 $\sum_{i\in\mathcal{N}} b_j^i(t) = 0$ 的情况，得到 $P_j(t)=0$。对于 $\sum_{i\in\mathcal{N}} b_j^i(t)=1$ 的情况，取 $b_j^{i^*}(t)=1$ 且 $b_j^i(t)=0, \forall i \neq i^*$，得到

$$P_j(t) = \gamma\ln 2 - \frac{1}{S_j^{i^*}(t)} = \gamma\ln 2 - \frac{1}{\sum_{i\in\mathcal{N}} b_j^i(t)S_j^i(t)} \qquad (2\text{-}19)$$

令函数 $Z[P_j(t),\gamma]$ 对 γ 的导数等于 0，得到

$$\sum_{j\in\mathcal{K}}\sum_{i\in\mathcal{N}} b_j^i(t)\log_2[1+S_j^i(t)P_j(t)] = \sum_{i\in\mathcal{N}} r_i \qquad (2\text{-}20)$$

由于我们在用户之间协同注水，式（2-20）可以改写为

$$\sum_{i\in\mathcal{N}} b_j^i(t)\log_2[1+S_j^i(t)P_j(t)] = \frac{\sum_{i\in\mathcal{N}} r_i}{K} \qquad (2\text{-}21)$$

从而，可以解得 γ 为

$$\gamma = \frac{2^{\frac{\sum_{i\in\mathcal{N}} r_i}{K}}}{\prod_{j\in\mathcal{K}}\left(\sum_{i\in\mathcal{N}} b_j^i(t)S_j^i(t)\right)^{1/K}\ln 2} \qquad (2\text{-}22)$$

因此，得到的 $P_j(t)$ 为

$$P_j(t) = \frac{2^{\frac{\sum_{i \in \mathcal{N}} r_i}{K}}}{\prod_{j \in \mathcal{K}} \left(\sum_{i \in \mathcal{N}} b_j^i(t) S_j^i(t) \right)^{1/K}} - \frac{1}{\sum_{i \in \mathcal{N}} b_j^i(t) S_j^i(t)} \tag{2-23}$$

从本质上讲，式（2-23）在时隙 t 对所有信道进行协同注水，其中第一项表示所有用户拥有相同的注水高度，而第二项表示海底的高度。

把 $P_j(t)$ 代入式（2-4），得到信道 j 的传输速率为

$$R_j(t) = \sum_{i \in \mathcal{N}} b_j^i(t) \log_2 \left(S_j^i(t) \frac{2^{\frac{\sum_{i \in \mathcal{N}} r_i}{K}}}{\sum_{n \in \mathcal{K}} \sum_{i \in \mathcal{N}} b_j^n(t) S_j^n(t)} + 1 - \frac{S_j^i(t)}{\sum_{i \in \mathcal{N}} b_j^n(t) S_j^n(t)} \right) \tag{2-24}$$

由于每条信道在同一个时刻只能由一个用户使用，因此式（2-24）可以改写为

$$R_j(t) = \frac{\sum_{i \in \mathcal{N}} r_i}{K} - \sum_{k \in \mathcal{K}} \frac{1}{K} \sum_{i \in \mathcal{N}} b_k^i(t) S_k^i(t) + \log_2 \left(\sum_{i \in \mathcal{N}} b_j^i(t) S_j^i(t) \right) \tag{2-25}$$

基于以上的分析，我们进一步考虑另外两个约束，即系统稳定性约束和频谱聚合能力约束。如果所有用户的注水高度都是相同的，那么 M 个信道的总传输速率可能无法支持平均到达速率 λ_i，从而导致系统不稳定。即使用户聚合了 M 个信道，系统依然不能满足稳定性约束，应该把该用户划分为不规矩用户，这样可以单独分配能量，从而提供更高的数据速率来满足系统稳定性约束。因此，我们按照以下定义将用户分为两类：

定义 1（规矩/不规矩用户）：

用户集合 $\mathcal{U}$ 中的用户被称为规矩用户，它们的速率满足

$$0 < \lambda_i \leq M \frac{\sum_{l \in \mathcal{U}} r_l(t)}{|\mathcal{C}|}, \forall i \in \mathcal{U} \tag{2-26}$$

式中，$\mathcal{C}$ 表示分配给用户集合 $\mathcal{U}$ 的信道集合；$|\mathcal{C}|$ 表示集合 $\mathcal{C}$ 的元素个数。不在 $\mathcal{U}$ 集合中的用户称为不规矩用户。不规矩用户的集合定义为 $\mathcal{U}^-$，每个在不规

矩用户集合里的用户 i 的信道集合为 C_i。

对于规矩用户，采用 Lyapunov 优化进行用户间协同注水，则规矩用户的数据队列是稳定的；对不规矩用户进行单独注水，从而分配更高的功率以提供更高的数据速率，因此不规矩用户的数据队列也可以稳定。本节在每个时隙的开始，都执行算法 2-1 中的伪代码以划分集合 $\mathcal{U}$ 和 $\mathcal{U}^-$。

算法 2-1　划分规矩、不规矩用户集合

1：初始化 $\mathcal{U} = \mathcal{N}$ 以及 $\mathcal{C} = \mathcal{K}$
2：**repeat**
3：　**for** $i \in \mathcal{U}$ **do**
4：　　**if** 用户 i 不满足式（2-26）　**then**
5：　　　把用户 i 分到不规矩用户集合 $\mathcal{U}^-$
6：　　　把 M 个信道分到集合 C_i
7：　　**end if**
8：　**end for**
9：**until** 没有更多的用户需要划分到不规矩用户集合中

本节进一步在下面的引理中讨论用户集合划分结果的唯一性：

引理 1（唯一性）：

通过算法 2-1 中的用户集合划分方法可以划分出唯一的一个规矩用户集合和多个单独的不规矩用户集合。

证明：

为了证明算法 2-1 中的划分方法总是独一无二地将用户划分为规矩、不规矩用户集合，将其转化为证明不规矩用户集合中的用户不能进一步划分为额外的规矩用户集合。

假设在不规矩用户集合内的用户有不同的平均到达速率。那么，总是存在一个用户 $i \in \mathcal{U}^-$ 满足 $\lambda_i > \lambda_j, i \neq j, j \in \mathcal{U}^-$。根据文献[7]，我们得到 $E[r_i] = \lambda_i + E[\epsilon]$，其中 ϵ 表示用户平均到达速率和网络容量边界的距离，并且有 $E[\epsilon] = 0$，可以得

知 $\lambda_i > E\left[M\dfrac{\sum\limits_{l\in\mathcal{U}^-} r_l}{kM}\right] = M\dfrac{\sum\limits_{l\in\mathcal{U}^-} \lambda_l}{kM}$，因此用户 i 不会被分到其他规矩用户集合中。类似地，可以证明所有不规矩用户集合内的用户不可能被分到任何其他规矩用户集合中。证毕。

由于系统稳定性要求和频谱聚合能力的限制，并不能对所有用户进行协同注水，只能对规矩用户集合中的用户进行协同注水，即规矩用户集合中信道的注水高度相同。请注意，由于频谱聚合电路能耗的原因，有些信道可以保持静默以节省能耗，因此并不总是在所有信道上传输数据。

定理 1（最小能耗）：

对于规矩用户和不规矩用户，在给定速率和信道分配矩阵 $\boldsymbol{b}(t)$ 时，系统的最小能耗 $\phi\left(\sum\limits_i r_i, \boldsymbol{b}(t)\right)$ 为

$$\phi\left(\sum_i r_i, \boldsymbol{b}(t)\right) = |\mathcal{C}|\frac{2^{\frac{\sum\limits_{i\in\mathcal{U}} r_i}{|\mathcal{C}|}}}{\prod\limits_{k\in\mathcal{C}}\left(\sum\limits_{i\in\mathcal{U}} b_k^i(t)S_k^i(t)\right)^{\frac{1}{|\mathcal{C}|}}} + \sum_{i\in\mathcal{U}^-}|\mathcal{C}_i|\frac{2^{\frac{r_i}{|\mathcal{C}_i|}}}{\prod\limits_{k\in\mathcal{C}_i}\left(\sum\limits_{i\in\mathcal{U}} b_k^i(t)S_k^i(t)\right)^{\frac{1}{|\mathcal{C}_i|}}} + \left(|\mathcal{C}| + \sum_{i\in\mathcal{U}^-}|\mathcal{C}_i|\right)P_1 +$$

$$\left(|\mathcal{U}| + |\mathcal{U}^-|\right)P_2 - \sum_{k\in\mathcal{C}}\frac{1}{\sum\limits_{i\in\mathcal{U}} b_k^i(t)S_k^i(t)} - \sum_{i\in\mathcal{U}^-}\sum_{k\in\mathcal{C}_i}\frac{1}{\sum\limits_{i\in\mathcal{U}^-} b_k^i(t)S_k^i(t)} \tag{2-27}$$

式中，最优的激活信道集合 $\mathcal{C}$ 和 $\mathcal{C}_i$ 可以通过一维搜索而得到。

证明：

为了研究最小的能耗，分别讨论规矩用户和不规矩用户的最小能耗。

（1）规矩用户的最小能耗。规矩用户的最小能耗可以通过拉格朗日法求得。信道 j 的传输速率是

$$R_j(t) = \frac{\sum\limits_{i\in\mathcal{U}} r_i}{|\mathcal{C}|} - \sum_{k\in\mathcal{C}}\frac{1}{|\mathcal{C}|}\log_2\left(\sum_{i\in\mathcal{U}} b_k^i(t)S_k^i(t)\right) + \log_2\left(\sum_{i\in\mathcal{U}} b_j^i(t)S_j^i(t)\right) \tag{2-28}$$

规矩用户的总频谱聚合电路能耗是

$$P_c(t) = |\mathcal{C}|P_1 + |\mathcal{U}|P_2 \qquad (2\text{-}29)$$

考虑到传输功率和频谱聚合电路功率，我们得到规矩用户的总能耗是

$$
\begin{aligned}
P_{\mathcal{U}}(t) &= \sum_{j \in \mathcal{C}} P_j(t) + P_c(t) \\
&= |\mathcal{C}| \frac{2^{\frac{\sum_{i \in \mathcal{U}} r_i}{|\mathcal{C}|}}}{\prod_{k \in \mathcal{C}} \left(\sum_{i \in \mathcal{U}} b_k^i(t) S_k^i(t) \right)^{\frac{1}{|\mathcal{C}|}}} - \sum_{k \in \mathcal{C}} \frac{1}{\sum_{i \in \mathcal{U}} b_k^i(t) S_k^i(t)} + |\mathcal{C}|P_1 + |\mathcal{U}|P_2
\end{aligned}
\qquad (2\text{-}30)
$$

式中，如果 $|\mathcal{C}|$ 越小，系统会消耗更多的传输能量和更少的电路能量。因此，在传输能耗和电路能耗之间有权衡关系，需要优化用于传输的信道集合 $\mathcal{C}$。

激活的信道是从规矩用户的信道集合中选取出来的。在这个信道集合中，本节关闭掉那些信道增益较低的信道，比起关闭信道增益较高的信道，这会更多地减少能耗。因此，只需要决定激活信道的数目 $|\mathcal{C}|$ 而不用决定哪个信道应该保持静默，哪个信道应该处于激活状态。激活信道的数目可以很容易地通过一维搜索得到：

① 初始化信道集合，其中所有信道都处于激活状态。

② 如果通过关闭信道这个行为可以减少系统能耗，则关闭信道增益最小的信道。

③ 重复步骤②，直到关闭信道这个行为不可以继续减少能耗为止。

（2）不规矩用户的最小能耗。对于不规矩用户来说，与规矩用户最大的不同是本节采用差异化注水原则对每个用户的所有信道进行注水。最优的能耗可以通过拉格朗日法求得。

不规矩用户 $i \in \mathcal{U}^-$ 的总频谱聚合电路能耗是

$$P_{c,i}(t) = |\mathcal{C}_i|P_1 + P_2 \qquad (2\text{-}31)$$

和规矩用户的情况类似，在传输能量和电路能量之间有权衡关系，我们需要优化用于传输的信道集合 $\mathcal{C}_i$。类似地，最优的激活信道数目可以很容易地通过一维搜索得到。

考虑到规矩用户和不规矩用户的能耗，我们得出的总能耗是

$$P(t) = P_{\mathcal{U}}(t) + \sum_{i \in \mathcal{U}^-} P_{\mathcal{U}^-, i}(t) \qquad (2\text{-}32)$$

综合考虑式（2-30）和式（2-32），可以得到总能耗。证毕。

注记 1（用户协同注水原则）：

根据定理 1 中的最小能耗原则对不同用户进行差异化注水。具体而言，对规矩用户进行协同注水，即它们的信道注水高度相同，而对不规矩用户进行差异化注水。由于对规矩用户进行协同注水，它们的信道的负载都是相同的，从而显著降低了能耗。如果对更多的规矩用户进行协同注水，那么能耗将进一步降低。

图 2-2 给出了差异化注水原则的例子，左边 9 个信道供规矩用户传输数据，对它们进行协同注水，即这些信道的注水高度相同。相反，对不规矩用户使用的 8 个信道进行差异化注水。显然，如果我们给规矩用户分配更多信道，那么系统的能耗将进一步降低，这是由于更多用户和信道进行协同注水。注意，更大的频谱聚合能力 M 可以显著提升协同注水的信道数量，即非常有助于减少能耗。

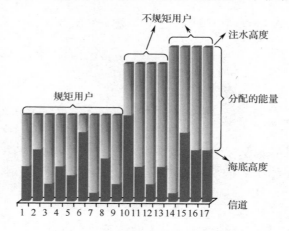

图 2-2 差异化注水原则示意图

2.3.2 信道分配以及速率控制

本节考虑信道分配以及速率控制。

对于任何排队系统，当且仅当发生边缘效应时，链路上的平均数据进入速率会超过到达速率。为了确保边缘效应对系统的影响较小，我们采用文献[30]里的虚拟队列。为了整个系统的稳定性，实际队列和虚拟队列都应该是稳定的。稳定的实际队列可以减少当前队列和目标队列长度 Q 之间的差异。Lyapunov 函数由两部分组成：

$$\psi[\boldsymbol{U}(t),\boldsymbol{X}(t)] = L[\boldsymbol{U}(t)] + J[\boldsymbol{X}(t)] \qquad (2\text{-}33)$$

Lyapunov 函数 $L[\boldsymbol{U}(t)]$ 是指数函数，当 $U_i(t)=Q$ 时会达到最小值 0，并且会随着 $U_i(t)$ 和 Q 之间的距离按指数增加。

$$L(\boldsymbol{U}(t)) = \sum_{i \in \mathcal{N}} \{ e^{\omega[U_i(t)-Q]} + e^{\omega[Q-U_i(t)]} - 2 \} \qquad (2\text{-}34)$$

式中，ω 是一个正常数，对指数型增长速度产生影响。这个 Lyapunov 函数可以提供足够大的惩罚函数，从而将 $U_i(t)$ 推向 Q。

Lyapunov 函数 $J[\boldsymbol{X}(t)]$ 是二次函数，为了使得虚拟队列 $\boldsymbol{X}(t)$ 稳定，

$$J[\boldsymbol{X}(t)] = \sum_{i \in \mathcal{N}} X_i^2(t) \qquad (2\text{-}35)$$

$U_i(t)$ 和 $X_i(t)$ 可以分别表示为

$$U_i(t+1) = U_i(t) - r_i(t) + A_i(t) \qquad (2\text{-}36)$$

$$X_i(t+1) = \max\{ X_i(t) - [r_i(t) + \epsilon l_{U_i(t)<Q}(t)], 0 \} + A_i(t) + \epsilon l_{U_i(t) \geqslant Q}(t) \qquad (2\text{-}37)$$

式中，$l_{条件}(t)$ 表示指示函数，当条件满足时，指示函数取值为 1；反之，指示函数取值为 0。例如，当 $U_i(t) \geqslant Q$ 时，$l_{U_i(t) \geqslant Q}(t) = 1$。实际队列长度和虚拟队列长度的 Lyapunov 偏移可以通过与文献[30]类似的方法得出，这里不再赘述，只给出结果：

$$\begin{aligned}
\Delta L(U_i(t)) \leqslant\ & e^{\omega(A_{\max}+v_{\max}-Q)} + \frac{\epsilon\omega}{2} e^{(U_{max}-Q)} - l_{U_i(t) \geqslant Q}(t)\omega e^{\omega(U_i(t)-Q)}\left(\delta_i(t) - \frac{\epsilon}{2}\right) - \\
& l_{U_i(t)<Q}(t)\omega e^{\omega(Q-U_i(t))}\left(\delta_i(t) + \frac{\epsilon}{2}\right)
\end{aligned} \qquad (2\text{-}38)$$

$$\Delta J(X_i(t)) \leqslant (A_{\max}+\epsilon)^2 + (v_{\max}+\epsilon)^2 - l_{U_i(t)\geqslant Q}(t)X_i(t)[\delta_i(t)+\epsilon] - $$
$$l_{U_i(t)<Q}(t)X_i(t)[-\delta_i(t)+\epsilon] \tag{2-39}$$

式中，$v_{\max} = \max\limits_{i,t}\{r_i(t)\}$；$\epsilon$ 是影响算法的响应速率的参数；$\delta_i(t)=r_i(t)-A_i(t)$。

利用文献[32]中的缓存分割技术，当 $U_i(t)\geqslant Q$ 时 $\delta_i(t)=\epsilon$，当 $U_i(t)<Q$ 时 $\delta_i(t)=-\epsilon$。从而可将式（2-39）重写为

$$\Delta L[U_i(t)] \leqslant \mathrm{e}^{\omega(A_{\max}+v_{\max}-Q)} + \frac{\epsilon\omega}{2}\mathrm{e}^{(U_{\max}-Q)} - l_{U_i(t)\geqslant Q}(t)\omega\mathrm{e}^{\omega(U_i(t)-Q)}\frac{\epsilon}{2} + $$

$$l_{U_i(t)<Q}(t)\omega\mathrm{e}^{\omega(Q-U_i(t))}\frac{\epsilon}{2} \tag{2-40}$$

$$\Delta J[X_i(t)] \leqslant (A_{\max}+\epsilon)^2 + (v_{\max}+\epsilon)^2 - l_{U_i(t)\geqslant Q}(t)X_i(t)(2\epsilon) - $$

$$l_{U_i(t)<Q}(t)X_i(t)(2\epsilon) \tag{2-41}$$

为了最小化 Lyapunov 偏移，我们最小化其上界。这样的方法在学术界广泛使用，如背压算法[31]。舍弃常数项后，目标函数中的 Lyapunov 偏移的项有

$$-\sum_{i\in\mathcal{N}} l_{U_i(t)\geqslant Q}(t)\{\omega\mathrm{e}^{\omega[U_i(t)-Q]} + 2X_i(t)\}r_i(t) \tag{2-42}$$

$$-\sum_{i\in\mathcal{N}} l_{U_i(t)<Q}(t)\{-\omega\mathrm{e}^{\omega[U_i(t)-Q]} + 2X_i(t)\}r_i(t) \tag{2-43}$$

为了在时延约束下最小化能耗，引入 V 作为能耗的权值，从而可以平衡能耗和 Lyapunov 偏移之间的折中关系。目标函数可以改写成

$$\min_{\sum_i r_i(t),b(t)} Y(t) = V\left(|\mathcal{C}|\frac{2^{\frac{\sum_{i\in\mathcal{U}} r_i}{|\mathcal{C}|}}}{\prod_{k\in\mathcal{C}}\left(\sum_{i\in\mathcal{U}} b_k^i(t)S_k^i(t)\right)^{\frac{1}{|\mathcal{C}|}}} + \sum_{i\in\mathcal{U}^-}|\mathcal{C}_i|\frac{2^{\frac{r_i}{|\mathcal{C}_i|}}}{\prod_{k\in\mathcal{C}_i}\left(\sum_{i\in\mathcal{U}} b_k^i(t)S_k^i(t)\right)^{\frac{1}{|\mathcal{C}_i|}}} + \left(|\mathcal{C}|+\sum_{i\in\mathcal{U}^-}|\mathcal{C}_i|\right)P_1 + \right.$$

$$\left. \left(|u|+|u^-|\right)P_2 - \sum_{k\in\mathcal{C}}\frac{1}{\sum_{i\in\mathcal{U}} b_k^i(t)S_k^i(t)} - \sum_{i\in\mathcal{U}^-}\sum_{k\in\mathcal{C}_i}\frac{1}{\sum_{i\in\mathcal{U}} b_k^i(t)S_k^i(t)}\right) - $$

$$\sum_{i\in\mathcal{N}}l_{U_i(t)\geqslant Q}(t)\{\omega e^{\omega[U_i(t)-Q]}+2X_i(t)\}r_i(t)-$$

$$\sum_{i\in\mathcal{N}}l_{U_i(t)<Q}(t)\{-\omega e^{\omega[U_i(t)-Q]}+2X_i(t)\}r_i(t) \qquad (2\text{-}44)$$

式中，较大的 V 值表示能耗具有高的权值，即每单位能量更贵，从而会造成更小的能耗以及更大的队列长度。类似地，较小的 V 值可以导致更大的能耗以及更小的队列长度。

为了使系统稳定，必须考虑 SA 能力的限制，因为这个限制会影响数据速率、功率和信道分配之间的复杂耦合关系。因此，传统的 Lyapunov 方法不能直接用于时延受限和频谱聚合能力受限的频谱聚合系统，本节通过如下迭代方式来优化数据速率和信道分配问题。

（1）速率向量优化。对于给定的信道分配 $\boldsymbol{b}(t)$，优化速率向量，从而最小化 $Y(t)$。

考虑到规矩用户的信道的注水高度相同，因此每个规矩用户的速率是信道分配 $\boldsymbol{b}(t)$ 的函数：

$$r_i(t)=\sum_{k\in\mathcal{C}}b_k^i(t)\frac{\sum_{i\in\mathcal{U}}r_i}{|\mathcal{C}|}+\sum_{k\in\mathcal{C}}b_k^i(t)\left\{\log_2\left(\sum_{i\in\mathcal{U}}b_k^i(t)S_k^i(t)\right)-\sum_{j\in\mathcal{C}}\frac{1}{N}\log_2\left(\sum_{l\in\mathcal{U}}b_j^l(t)S_j^l(t)\right)\right\} \qquad (2\text{-}45)$$

把式（2-45）代入（2-44），并采用拉格朗日法，可得到

$$\sum_{l\in\mathcal{U}}r_i(t)=|\mathcal{C}|\left(\log_2\left(\sum_{i\in\mathcal{U}}l_{U_i(t)\geqslant Q}(t)(\omega e^{\omega[U_i(t)-Q]}+2X_i(t))+\right.\right.$$

$$\sum_{i\in\mathcal{U}}l_{U_i(t)<Q}(t)(-\omega e^{\omega[U_i(t)-Q]}+2X_i(t)))\frac{\sum_{j\in\mathcal{C}}b_j^i(t)}{|\mathcal{C}|}+$$

$$\left.\sum_{j\in\mathcal{C}}\log_2\left(\sum_{i\in\mathcal{U}}(b_k^i(t)S_k^i(t))^{\frac{1}{|\mathcal{C}|}}\right)-\log_2 V\right) \qquad (2\text{-}46)$$

根据算法 2-1，如果存在 $i\in\mathcal{U}$ 使 $\lambda_i>M\dfrac{\sum_{l\in\mathcal{U}}r_i(t)}{|\mathcal{C}|}$，那么用户 i 会被分到不规矩

用户集合 $\mathcal{U}^-$ 中。这个过程直到 $\forall i \in \mathcal{U}$ 使 $\lambda_i < M\dfrac{\sum\limits_{i \in \mathcal{U}} r_i(t)}{|\mathcal{C}|}$ 时为止。采用一维搜索可找到最优的 $\mathcal{C}$ 。

对于不规矩用户，它们的计划速率是

$$r_i(t) = |\mathcal{C}_i| \left(\log_2 \sum_{i \in \mathcal{U}^-} l_{U_i(t) \geq Q}(t)(\omega e^{\omega[U_i(t)-Q]} + 2X_i(t)) + \right.$$

$$\sum_{i \in \mathcal{U}^-} l_{U_i(t) < Q}(t)(-\omega e^{\omega[U_i(t)-Q]} + 2X_i(t)) \frac{\sum\limits_{j \in \mathcal{C}_i} b_j^i(t)}{|\mathcal{C}_i|}$$

$$\left. \sum_{j \in \mathcal{C}_i} \log_2 \left(\sum_{i \in \mathcal{U}^-} (b_k^i(t) S_k^i(t))^{\frac{1}{|\mathcal{C}_i|}} \right) - \log_2 V \right) \tag{2-47}$$

（2）信道分配矩阵优化。对于给定的速率，优化信道分配矩阵 $\boldsymbol{b}(t)$ ，从而最小化 $Y(t)$ 。

对于没有频谱聚合限制的情况，信道分配不会影响能耗。但是，对于时延受限的频谱聚合系统，信道分配是 0-1 整数规划问题，通常是 NP 问题，因此，本节提出了一个启发式算法来找到一个次优解。

首先，采用贪婪算法找到一个 $\boldsymbol{b}(t)$ 的可行解。然后，提出一个交换算法来进一步优化目标函数。用户 k 的信道会单向按照优先度 $f(i)$ 的升序交换给用户 i ，即如果 $f(k) > f(i)$ ，那么信道 j 不会从用户 k 交换到用户 i 。定义 $g(i,k,j)$ 为性能提升值，表示信道 j 从用户 i 交换到用户 j 所带来的性能增益。优先度和性能提升值定义为

$$f(i) = l_{U_i(t) \geq Q}(t)\{\omega e^{\omega[U_i(t)-Q]} + 2X_i(t)\} + l_{U_i(t) < Q}(t)\{-\omega e^{\omega[U_i(t)-Q]} + 2X_i(t)\} \tag{2-48}$$

$$g(i,k,j) = Y(t)\big|_{b_j^k(t)=1} - Y(t)\big|_{b_j^i(t)=1} \tag{2-49}$$

每一次交换时，只有一个信道 j 会从用户 i 交换到用户 j ，这个交换会为系统带来最大的性能提升

$$j = \arg\max_l g(i,k,l), \forall i,k \tag{2-50}$$

这样的交换过程一直持续到系统性能不再提升为止。

根据前文的讨论，我们用算法 2-2 中伪代码来描述所提出的算法，算法 2-2 在每个时隙开始时都执行一次。

算法 2-2　频谱聚合系统中时延受限的能量有效调度算法

1：初始化 $\mathcal{U} = \{1, 2, \cdots, N\}$ 以及 $\mathcal{C} = \{1, 2, \cdots, K\}$

2：**repeat**

3：　　速率向量优化

4：　　根据算法 2-1 决定 $\mathcal{U}$ 和 $\mathcal{U}^-$

5：　　根据式（2-45）和式（2-46）获得用户 $i \in \mathcal{U}$ 的速率

6：　　根据式（2-47）获得用户 $i \in \mathcal{U}^-$ 的速率

7：　　信道分配矩阵优化

8：　　如果用户 i 满足 $U_i(t) < Q$，那么 $b_j^i = 0, r_i = 0, \forall j$。之后，初始化 $\boldsymbol{b}(t)$，每个在 $\mathcal{K}$ 中的信道安排给 $\mathcal{N}$ 里拥有最好信道质量的用户

9：　　**repeat**

10：　　　　通过算法 2-1 确定 $\mathcal{U}$ 和 $\mathcal{U}^-$

11：　　　　为每个用户计算 $f(i)$，并根据式（2-49）计算每个用户和信道的 $g(i, k, j)$

12：　　　　根据式（2-49）找到信道 j，并设置 $b_k^i(t) = 0$，如果满足 $f(i) > f(k)$，则设置为 $b_k^i(t) = 1$

13：　　**until** 最大的 $g(i, k, j)$ 小于 0

14：**until** 速率向量和信道分配矩阵稳定

15：根据式（2-36）和式（2-37）更新数据队列和虚拟队列

为了分析提出算法的收敛性，我们首先评估每次迭代中目标函数的值。

（1）给定和速率，提出的切换算法通过改善信道质量来减小目标函数的值。

（2）式（2-46）和式（2-47）中前两行的值在迭代过程中没有变化，而最后一行的值与前一轮的值相比有所下降，这是因为信道质量得到了改善。因此，目标函数的值在每次迭代中单调递减。当 $r_i = 0$ 时，目标函数的最小值为 0。因为目标函数单调递减且有下界，所以提出的迭代算法是收敛的。当两次迭代之间的速率和信道分配矩阵的变化足够小时，迭代停止。

2.3.3　能耗及时延性能分析

本节通过理论分析来讨论所提算法的性能。在这里，考虑两个性能指标，即平均时延 T_{ave} 和每个用户的平均能耗 E_{ave}。特别地，本节对提出的算法 ESSA 和算法 TOCA[7]进行了理论上的性能比较，其中，算法 TOCA 表示没有频谱聚合能力的情况，即当 $M=1$ 时，算法 TOCA 可以被看成算法 ESSA 的一个特例。

设定和算法 TOCA 一样的参数[8]，$N=K, \omega=\dfrac{\epsilon}{\delta_{\max}^2}, \epsilon=\dfrac{1}{V}, Q=\dfrac{6}{\omega}\log_2\dfrac{1}{\epsilon}, v=\max\limits_{i,t}\{r_i(t)\}$，$\delta_{\max}=\max\limits_{i,t}\{\lambda_i-r_i(t)\}$。通过定理 2 来分析算法 ESSA 的平均时延 T_{ave} 和平均能耗 E_{ave}。

定理 2（算法 ESSA 的平均时延 T_{ave} 和平均能耗 E_{ave}）：

如果算法 ESSA 是最优算法的 $1+\gamma$ 近似，那么对于任何 $V>v$，算法 ESSA 满足

$$T_{\text{ave}} \leqslant \frac{1+\gamma}{\omega}\log_2\left(2\frac{D+\dfrac{V}{N}h}{\omega\epsilon}\right) \tag{2-51}$$

$$E_{\text{ave}} - \phi_{\min}(\lambda) \leqslant \frac{D}{V} + \gamma\phi_{\min}(\lambda) + \frac{1+\gamma}{N}\sum_{i\in\mathcal{N}}\frac{\partial\phi(\lambda)}{\partial\lambda_i}\epsilon\Delta_i + (1+\gamma)\epsilon^2\kappa \tag{2-52}$$

式中，

$$\kappa = \max_{\sigma\in(-\epsilon,+\epsilon)^{\mathcal{N}}}\frac{\left\|\nabla^2\phi(\lambda+\sigma)\right\|}{2}, \kappa>0 \tag{2-53}$$

$$\phi(\lambda) = \min_{\boldsymbol{b}(t)}\phi[\lambda,\boldsymbol{b}(t)] \tag{2-54}$$

$$\Delta_i = \begin{cases} \dfrac{\sum\limits_{i\in\mathcal{U}}(\alpha_i^{\text{R}}-\alpha_i^{\text{L}})}{|\mathcal{C}|}, i\in\mathcal{U} \\[4mm] \dfrac{\alpha_i^{R}-\alpha_i^{L}}{|\mathcal{C}_i|}, i\in\mathcal{U}^- \end{cases} \tag{2-55}$$

式中，　$\alpha_i^R = \Pr[U_i(t) \geq Q]$；　$\alpha_i^L = \Pr[U_i(t) < Q]$ 。

证明：

按照和文献[7]类似的方法来证明该定理。由于平均时延通过缓存分割的方法得到保障，因此平均时延满足

$$T_{\text{ave}} \leq \frac{1+\gamma}{\omega} \log_2 \left(2 \frac{D + \dfrac{V}{N} h}{\omega \epsilon} \right) \tag{2-56}$$

式中，　D 和 h 都是常数。

最小能量函数 $\phi[r(t)]$ 在 λ 内是凸的，所以采用多维泰勒展开[29]，可得到

$$\phi(\lambda + \epsilon \Delta) \leq \phi(\lambda) + \sum_{i \in \mathcal{N}} \frac{\partial \phi(\lambda)}{\partial \lambda_i} \epsilon \Delta_i + N \epsilon^2 \kappa \tag{2-57}$$

由于算法 ESSA 是最优算法的 $1 + \gamma$ 近似，因此算法 ESSA 的能耗也增加 $1 + \gamma$ 倍，可以得到

$$E_{\text{ave}} \leq \frac{D}{V} + (1+\gamma)\phi_{\min}(\lambda) + \frac{1+\gamma}{N} \sum_{i \in \mathcal{N}} \frac{\partial \phi(\lambda)}{\partial \lambda_i} \epsilon \Delta_i + (1+\gamma) \epsilon^2 \kappa \tag{2-58}$$

对规矩用户进行协同注水，每个信道的速率期望是

$$E[R_j(t)] = \frac{\sum\limits_{i \in \mathcal{U}} \lambda_i + \sum\limits_{i \in \mathcal{U}} (\alpha_i^R - \alpha_i^L)}{|\mathcal{C}|} \tag{2-59}$$

对于不规矩用户，信道的速率期望是

$$E[R_j(t)] = \frac{\lambda_i + \alpha_i^R - \alpha_i^L}{|\mathcal{C}_i|} \tag{2-60}$$

因此得到

$$\Delta_i = \begin{cases} \dfrac{\sum\limits_{i \in \mathcal{U}} (\alpha_i^R - \alpha_i^L)}{|\mathcal{C}|}, i \in \mathcal{U} \\[4mm] \dfrac{\alpha_i^R - \alpha_i^L}{|\mathcal{C}_i|}, i \in \mathcal{U}^- \end{cases} \tag{2-61}$$

式中，$\alpha_i^R = \Pr[U_i(t) \geq Q]$；$\alpha_i^L = \Pr[U_i(t) < Q]$。证毕。

注记 2（算法 ESSA 和算法 TOCA 的性能比较）：

根据文献[7]，可知算法 TOCA 的性能满足

$$T_{ave}^* \leq \frac{1}{\omega} \log_2 \left(2 \frac{D + \frac{V}{N}h}{\omega \epsilon} \right) \tag{2-62}$$

$$E_{ave}^* - \phi_{min}^*(\lambda) \leq \frac{D}{V} + \frac{1}{N} \sum_{i \in \mathcal{N}} \frac{\partial \phi^*(\lambda)}{\partial \lambda_i} \epsilon (\alpha_i^R - \alpha_i^L) + (1 + \gamma) \epsilon^2 \kappa \tag{2-63}$$

式中

$$\phi^*(\lambda) = \sum_{i \in \mathcal{N}} \frac{2^{\lambda} - 1}{S_i^i(t)} \tag{2-64}$$

比较上面的公式和定理 2，得到算法 ESSA 和算法 TOCA 可以达到相同的平均时延，通过选取一个更小的 $V' < V$ 给算法 ESSA，满足

$$\frac{1 + \gamma}{\omega'} \log_2 \left(2 \frac{D + \frac{V'}{N}h}{\omega' \epsilon'} \right) = \frac{1}{\omega} \log_2 \left(2 \frac{D + \frac{V}{N}h}{\omega \epsilon} \right) \tag{2-65}$$

式中，$\omega' = \frac{\epsilon'}{\delta_{max}^2}$；$\epsilon' = \frac{1}{V'}$。

根据 $\phi(\lambda)$ 的凸性，发现其偏导随着 λ 指数增加。算法 ESSA 给拥有大 λ 的用户分配更多信道，所以可以极大地减小不规矩用户的能耗，其代价仅仅是微弱地提升规矩用户的能耗。因此，算法 ESSA 虽然选择了一个更大的 V 使得算法 ESSA 和算法 TOCA 的时延相等，但是依然可以实现更低的能耗。

本节进一步讨论算法 ESSA 由交换过程引起的复杂度。

引理 2（渐进性分析）：

当频谱聚合能力 M 足够大且规矩用户满足 $\dfrac{\sum\limits_{i \in \mathcal{U}} r_i(t)}{K} \gg \max\limits_{i,j}\{S_j^i(t)\}$ 时，每个信道至多会被交换一次。

证明：

目标函数可以被改写为

$$
\min_{\boldsymbol{b}(t)} Y(t) = V|\mathcal{C}| \frac{2^{\frac{\sum_{i\in\mathcal{U}} r_i}{|\mathcal{C}|}}}{\prod_{k\in\mathcal{C}}\left(\sum_{i\in\mathcal{U}} b_k^i(t) S_k^i(t)\right)^{\frac{1}{|\mathcal{C}|}}} -
$$

$$
\left(\sum_{i\in\mathcal{N}} l_{U_i(t)\geqslant Q}(t)(\omega e^{\omega(U_i(t)-Q)} + 2X_i(t)) + \right. \tag{2-66}
$$

$$
\left. \sum_{i\in\mathcal{N}} l_{U_i(t)<Q}(t)(-\omega e^{\omega(U_i(t)-Q)} + 2X_i(t)) \right) \sum_{k\in\mathcal{C}} b_k^i(t) \frac{\sum_{l\in\mathcal{U}} r_l(t)}{|\mathcal{C}|}
$$

考虑一个信道 j，刚开始分配给用户 k_1。对于其他三个用户 k_0、k_2、k_3，它们满足 $f(k_3) > f(k_2) > f(k_1) > f(k_0)$。信道 j 从用户 k_1 交换到了用户 k_2，之后有三种可能发生的情况：

第一种情况：信道 j 从用户 k_1 交换到了用户 k_2。

第二种情况：信道 j 从用户 k_1 交换到了用户 k_2，然后交换到了用户 k_3。

第三种情况：信道 j 从用户 k_1 交换到了用户 k_2，然后交换到了用户 k_0。

在交换之后，信道的平均状态变化了。为了易于表述，记交换之前 $\prod_{j\in\mathcal{C}}\sum_{i\in\mathcal{U}} b_j^i(t) S_j^i(t)^{\frac{1}{|\mathcal{C}|}} = \overline{s}(t) S_j^{k_1}(t)^{\frac{1}{|\mathcal{C}|}}$，记交换之后 $\prod_{j\in\mathcal{C}}\sum_{i\in\mathcal{U}} b_j^i(t) S_j^i(t)^{\frac{1}{|\mathcal{C}|}} = \overline{s}^*(t) S_j^{k_2}(t)^{\frac{1}{|\mathcal{C}|}}$。根据信道分配向量的初始化，观察到 $\prod_{j\in\mathcal{C}}\sum_{i\in\mathcal{U}} b_j^i(t) S_j^i(t)^{\frac{1}{|\mathcal{C}|}}$ 在交换之前达到了极大值，然后在交换过程中一直单调递减，所以可得到

$$
\overline{s}(t) \geqslant \overline{s}^*(t)
$$

信道 j 在第一种情况下从用户 k_1 交换到了用户 k_2，这是最优的情况。根据交换准则 $Y(t)|_{b_j^{k_1}(t)=1} - Y(t)|_{b_j^{k_2}(t)=1} > Y(t)|_{b_j^{k_1}(t)=1} - Y(t)|_{b_j^{k_3}(t)=1}$，可得到

$$V|\mathcal{C}|\frac{2^{\frac{\sum_{i\in\mathcal{U}}r_i}{|\mathcal{C}|}}}{\overline{s}(t)S_j^{k_2}(t)^{\frac{1}{|\mathcal{C}|}}}-V|\mathcal{C}|\frac{2^{\frac{\sum_{i\in\mathcal{U}}r_i}{|\mathcal{C}|}}}{\overline{s}(t)S_j^{k_3}(t)^{\frac{1}{|\mathcal{C}|}}}+\Delta U_{23}(t)<0 \qquad (2\text{-}67)$$

式中，$\Delta U_{23}(t)$ 表示 k_2 和 k_3 关于 $Y(t)$ 的最后一项差值。

第二种情况发生在当且仅当

$$Y(t)\big|_{b_j^{k_2}(t)=1}-Y(t)\big|_{b_j^{k_3}(t)=1}>0 \qquad (2\text{-}68)$$

时，式中

$$Y(t)\big|_{b_j^{k_2}(t)=1}-Y(t)\big|_{b_j^{k_3}(t)=1}=V|\mathcal{C}|\frac{2^{\frac{\sum_{i\in\mathcal{U}}r_i}{|\mathcal{C}|}}}{\overline{s}^*(t)S_j^{k_2}(t)^{\frac{1}{|\mathcal{C}|}}}-V|\mathcal{C}|\frac{2^{\frac{\sum_{i\in\mathcal{U}}r_i}{|\mathcal{C}|}}}{\overline{s}^*(t)S_j^{k_3}(t)^{\frac{1}{|\mathcal{C}|}}}+\Delta U_{23}(t) \quad (2\text{-}69)$$

根据以上几个公式可得出

$$0>V|\mathcal{C}|\frac{2^{\frac{\sum_{i\in\mathcal{U}}r_i}{|\mathcal{C}|}}}{\overline{s}^*(t)S_j^{k_2}(t)^{\frac{1}{|\mathcal{C}|}}}-V|\mathcal{C}|\frac{2^{\frac{\sum_{i\in\mathcal{U}}r_i}{|\mathcal{C}|}}}{\overline{s}^*(t)S_j^{k_3}(t)^{\frac{1}{|\mathcal{C}|}}}+\frac{\overline{s}(t)}{\overline{s}^*(t)}\Delta U_{23}(t)$$

$$\geqslant Y(t)\big|_{b_j^{k_2}(t)=1}-Y(t)\big|_{b_j^{k_3}(t)=1} \qquad (2\text{-}70)$$

因此，第二种情况和第三种情况都不会发生，即不会经过多次交换。证毕。

注记 3（算法 ESSA 的复杂度）：

算法 ESSA 的复杂度主要来源于信道分配优化，其复杂度是每一次循环的复杂度 $O(N^3K^2)$。因此，当频谱聚合能力 M 很大时，算法 ESSA 的复杂度是 $O(cN^3K^3)$，其中 c 表示循环的次数。当频谱聚合能力 M 很小时，算法 ESSA 的复杂度是 $O(cN^4K^3)$，这是因为每个信道至多定向交换 N 次。

2.4 仿真结果

本节通过仿真来评估算法 ESSA 的性能。评估包括两个方面：首先分析了算法 ESSA 的性质，包括信道利用和关键参数的影响；其次，对算法 ESSA 的性能与其他算法的性能进行比较。为了对性能进行对比，本节采用三个对比算法：

（1）对比算法一（TOCA）：对单信道的情况使用 Lyapunov 优化[7]，这是算法 ESSA 的一个特例（$M = 1$）。

（2）对比算法二（基于吞吐量）：在频谱聚合场景下考虑吞吐量最大化[33]。

（3）对比算法三（基于队列）：在频谱聚合场景下固定信道分配，采用 Lyapunov 优化[34]。

在仿真中，考虑了 10 个用户，包括轻负载用户和重负载用户。对于不同负载用户的比例，考虑了三种反映移动宽带用户预期份额的方案，即：

（1）场景一：20%的用户是重负载用户。其数据到达服从伯努利分布，每个用户的数据到达概率分别为 1、0、0、0、0、0、1、0、0、0，数据到达量是 $A_i(t) = 12$。此场景用作 2015 年移动宽带用户流量的上限。

（2）场景二：10%的用户是重负载用户。其数据到达服从伯努利分布，每个用户的数据到达概率分别为 0.9、0.15、0.25、0.2、0.1、0.15、0.35、0.15、0.3、0.45，数据到达量是 $A_i(t) = 8$。此场景与 2015 年欧洲移动宽带用户流量最为相关。

（3）场景三：0%的用户是重负载用户。其数据到达服从伯努利分布，每个用户的数据到达概率分别为 0.8、0.6、0.9、0.4、0.2、0.6、0.7、0.3、0.6、0.9，数据到达量是 $A_i(t) = 4$。此场景是理想的移动宽带用户流量。

这些用户共享 10 个时变信道，信道衰落服从瑞利分布，其系数为 6.5，并且是时间独立同分布的。电路能耗依照现实基站[34] $P_1 = 2.04 \text{ W}$，$P_2 = 4.06 \text{ W}$。设定信道分配时循环次数为 50，这是因为根据仿真结果，50 次循环可以让算法 ESSA 在三种场景下都收敛。

　　图 2-3 表示不同频谱聚合能力下协同注水的信道数目和平均队列长度的关系。从仿真结果可以看出，当频谱聚合能力 M 或平均队列长度增加时，协同注水的信道数目随之增加，从而进一步降低了能耗。当频谱聚合能力是 5 和 10 且平均队列长度很长时，协同注水的信道数目减少。这是因为平均队列长度很长意味着能量价格 V 很大，有一些信道保持静默从而降低能耗。

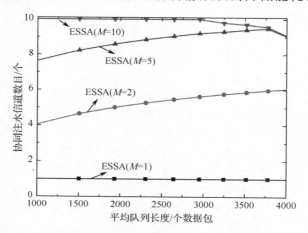

图 2-3　不同频谱聚合能力下协同注水的信道数目和平均队列长度的关系

　　图 2-4 表示不同频谱聚合能力下激活信道的数目和平均队列长度的关系。当平均队列长度很长时，并不需要让所有信道都传输数据，因此激活信道的数目减少。这是因为通过信道静默节省的能耗比传输信道数目减少而增加的传输能耗多，这证实了在设计能量有效算法时考虑电路能耗的必要性。

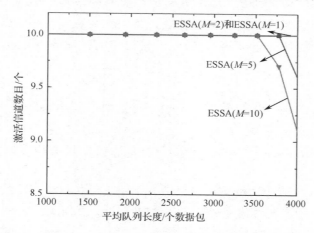

图 2-4　不同频谱聚合能力下激活信道的数目和平均队列长度的关系

图 2-5 表示频谱聚合能力对能耗的影响。聚合能力越大，能耗越小。根据定理 1，聚合能力越大，协同注水的信道数增加，从而能耗显著降低。我们还可以发现算法 ESSA 的性能比算法 TOCA［ESSA（$M=1$）］的性能好。这是出于两个原因：一方面，算法 ESSA 协同注水信道数目多；另一方面，算法 ESSA 考虑适度地调整激活的信道数目以最小化总能耗。另外，随着频谱聚合能力的增加，性能增益显著提升。

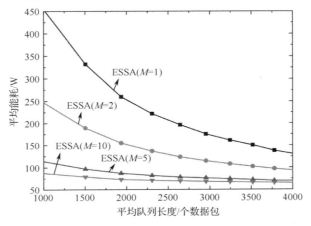

图 2-5　频谱聚合能力对能耗的影响

图 2-6 评估了不同场景下算法 ESSA 的性能。对于给定频谱聚合能力 $M=5$，场景一的能耗大于场景二的能耗、场景二的能耗大于场景三的能耗。这意味着流量越集中，带来的能耗越大。并且，大的频谱聚合能力可以有效解决这个问题，这证明了频谱聚合能力对到达速率的变化有鲁棒性。

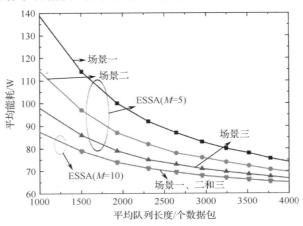

图 2-6　不同场景下算法 ESSA 的性能

　　图 2-7 为算法 ESSA 和其他两个对比算法的性能比较示意图。这里频谱聚合能力设定为 5。算法 ESSA 的性能比其他两个对比算法的性能更好。基于吞吐量最大化的算法不关注用户的队列长度，因此，信道状况好一些的用户会收到过多的资源，而信道状况较差的用户则无法获得足够的资源，基于吞吐量的算法消耗更多的能量来实现与算法 ESSA 相同的平均队列长度。基于队列的算法最初是为固定信道分配的系统而设计的，因此它只考虑队列长度而不关注信道分配，比其他两种算法消耗更多的能量。算法 ESSA 根据队列长度和信道条件动态分配功率，而基于吞吐量的算法根据信道条件动态分配功率，因此算法 ESSA 比基于吞吐量的算法消耗更少的能量就可以达到相同的平均队列长度。注意，基于队列的算法在能耗较小的情况下（能耗低于 105 W）可能不稳定，这更加强调了设计基于稳定性的算法 ESSA 的重要性。

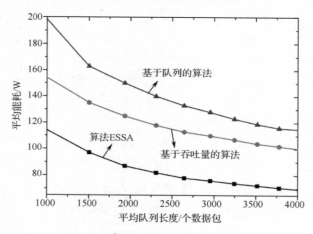

图 2-7　不同算法的性能比较示意图

2.5 结论

　　本章设计了一个有时延约束的能量有效频谱聚合系统的调度算法。由于实际的硬件条件限制，传统的基于 Lyapunov 方法不能直接用于时延受限的频谱聚合系统，并且总能耗根据信道分配的组合而变化，电路能耗应当在设计能量有效调度时予以考虑。针对上述两个问题，分两步设计算法 ESSA。首先，通过差异化注水来最小化频谱聚合的总能耗，包括发射能耗和电路能耗；其次，提出了一种迭代 Lyapunov 优化方法来调整数据速率和信道分配，以最小化延迟约束下的能耗。算法 ESSA 与算法 TOCA 相比，在理论和仿真上均证明了在达到相同时延的情况下，算法 ESSA 有更低的能耗。此外，仿真结果表明，算法 ESSA 的性能比其他两个对比算法的性能更好。

参考文献

[1] Shen Z, Papasakellariou A, Montojo J, et al. Overview of 3GPP LTE-advanced carrier aggregation for 4G wireless communications[J]. IEEE Communications Magazine, 2012, 50(2): 122-130.

[2] Wang W, Zhang Z, Huang A. Spectrum aggregation: Overview and challenges[J]. Netw. Protoc. Algorithms, 2010, 2(1): 184-196.

[3] Zhang R, Zheng Z, Wang M, et al. Equivalent capacity analysis of LTE-advanced systems with carrier aggregation[C]// 2013 IEEE International Conference on Communications, 2013: 6118-6122.

[4] Iwamura M, Etemad K, Fong M H, et al. Carrier aggregation framework in 3GPP LTE-advanced [WiMAX/LTE Update][J]. IEEE Communications Magazine, 2010, 48(8): 60-67.

[5] Fattah H, Leung C. An overview of scheduling algorithms in wireless multimedia networks[J]. IEEE Wireless Communications, 2002, 9(5): 76-83.

[6] He X, Yener A. On the energy-delay trade-off of a two-way relay network[C]// 2008 42nd Annual Conference on Information Sciences and Systems, 2008: 865-870.

[7] Neely M J. Optimal energy and delay tradeoffs for multiuser wireless downlinks[J]. IEEE Transactions on Information Theory, 2007, 53(9): 3095-3113.

[8] Wu L, Wang W, Zhang Z, et al. A rollout-based joint spectrum sensing and access policy for cognitive radio networks with hardware limitations[C]// 2012 IEEE Global Communications Conference, 2012: 1277-1282.

[9] Wang W, Wu L, Zhang Z, et al. Joint spectrum sensing and access for stable dynamic spectrum aggregation[J]. EURASIP Journal on Wireless Communications and Networking, 2015, 2015: 1-14.

[10] Ratasuk R, Tolli D, Ghosh A. Carrier aggregation in LTE-Advanced[C]// 2010 IEEE 71st Vehicular Technology Conference, 2010: 1-5.

[11] Wu F, Mao Y, Leng S, et al. A carrier aggregation based resource allocation scheme for pervasive wireless networks[C]// 2011 IEEE Ninth International Conference on Dependable, Autonomic and Secure Computing, 2011: 196-201.

[12] Shajaiah H, Abdel-Hadi A, Clancy C. Utility proportional fairness resource allocation with carrier aggregation in 4G-LTE[C]// MILCOM 2013-2013 IEEE Military Communications Conference, 2013: 412-417.

[13] Abdelhadi A, Clancy C. An optimal resource allocation with joint carrier aggregation in 4G-LTE[C]// 2015 international conference on computing, networking and communications, 2015: 138-142.

[14] Shajaiah H, Abdel-Hadi A, Clancy C. Spectrum sharing between public safety and commercial users in 4G-LTE[C]// 2014 International Conference on Computing, Networking and Communications, 2014: 674-679.

[15] Zhang R, Wang M, Zheng Z, et al. Cross-layer carrier selection and power control for LTE-A uplink with carrier aggregation[C]// 2013 IEEE Global Communications Conference, 2013: 4668-4673.

[16] Liu F, Zheng K, Xiang W, et al. Design and performance analysis of an energy-efficient uplink carrier aggregation scheme[J]. IEEE Journal on Selected Areas in Communications, 2013, 32(2): 197-207.

[17] Chen L, Liu C, Hong X, et al. Capacity and delay tradeoff of secondary cellular networks with spectrum aggregation[J]. IEEE Transactions on Wireless Communications, 2018, 17(6): 3974-3987.

[18] Lee H, Vahid S, Moessner K. A survey of radio resource management for spectrum aggregation in LTE-advanced[J]. IEEE Communications Surveys & Tutorials, 2013, 16(2): 745-760.

[19] Chung Y L, Jang L J, Tsai Z. An efficient downlink packet scheduling algorithm in LTE-advanced systems with carrier aggregation[C]// 2011 IEEE Consumer Communications and Networking Conference, 2011: 632-636.

[20] Galaviz G, Covarrubias D H, Andrade A G. On a spectrum resource organization strategy for scheduling time reduction in carrier aggregated systems[J]. IEEE Communications Letters, 2011, 15(11): 1202-1204.

[21] Bertsekas D. Dynamic programming and optimal control: Volume I[M]. Nashua, SH: Athena scientific, 2012.

[22] Cui Y, Huang Q, Lau V K N. Queue-aware dynamic clustering and power allocation for network MIMO systems via distributed stochastic learning[J]. IEEE Transactions on Signal Processing, 2010, 59(3): 1229-1238.

[23] Ji B, Gupta G R, Sharma M, et al. Achieving optimal throughput and near-optimal asymptotic delay performance in multichannel wireless networks with low complexity: a practical greedy scheduling policy[J]. IEEE/ACM Transactions on Networking, 2014, 23(3): 880-893.

[24] Pedersen K I, Frederiksen F, Rosa C, et al. Carrier aggregation for LTE-advanced: functionality and performance aspects[J]. IEEE Communications Magazine, 2011, 49(6): 89-95.

[25] Calle M, Kabara J. Measuring energy consumption in wireless sensor networks using GSP[C]// 2006 IEEE 17th International Symposium on Personal, Indoor and Mobile Radio Communications, 2006: 1-5.

[26] Rosenkrantz W A. Little's theorem: A stochastic integral approach[J]. Queueing Systems, 1992, 12: 319-324.

[27] Kuczma M. An introduction to the theory of functional equations and inequalities[M]. Basle: Birkhauser, 2008.

[28] Lovász L. On the Shannon capacity of a graph[J]. IEEE Transactions on Information theory, 1979, 25(1): 1-7.

[29] Graves L M. Riemann integration and Taylor's theorem in general analysis[J]. Transactions of the American Mathematical Society, 1927, 29(1): 163-177.

[30] Neely M J. Stochastic network optimization with application to communication and queueing systems[M]. Berlin：Springer, 2022.

[31] Georgiadis L, Neely M J, Tassiulas L. Resource allocation and cross-layer control in wireless networks[J]. Foundations and Trends® in Networking, 2006, 1(1): 1-144.

[32] Wang H, Rosa C, Pedersen K. Performance of uplink carrier aggregation in LTE-advanced systems[C]// 2010 IEEE 72nd Vehicular Technology Conference-Fall, 2010: 1-5.

[33] Cho H C, Fadali M S, Lee J W, et al. Lyapunov-based fuzzy queue scheduling for Internet routers[J]. International Journal of Control, Automation, and Systems, 2007, 5(3): 317-323.

[34] Auer G, Blume O, Giannini V, et al. Energy efficiency analysis of the reference systems, areas of Improvements and target breakdown[J]. Earth, 2010, 20(10).

第 3 章
面向队列稳定性的异构频谱聚合
系统共存研究

3.1 概述

3.1.1 异构频谱聚合技术

随着无线业务的迅速扩张，加上可用无线频谱资源日益稀缺，迫切需要开发新的更灵活的频谱接入策略以提高频谱利用率。频谱聚合使得设备能够将多个频谱片段绑定在一起从而为用户提供宽带传输能力[1,3]，并且可以利用免许可频谱（如 ISM 频段）来克服频谱稀缺性。异构频谱聚合是指设备聚合多个专用和共享信道，因此，异构频谱聚合综合了两种信道的优点。异构频谱聚合作为5G 中最有前途的技术之一而受到业界的广泛关注。3GPP Release 13 提出了授权协助接入、LTE、Wi-Fi 链路聚合[4,5]，提供了用于访问异构频谱聚合的共享信道的不同接入方法。

3.1.2 实现队列稳定性在异构频谱聚合系统中的挑战

对于异构频谱聚合来说，关键问题之一是共享信道上多个系统如何共存。如果干扰没有得到适当的处理，Wi-Fi 终端的吞吐量可能会下降 70%之多[6]。为了向 Wi-Fi 用户提供保护，一种有效的方法是机会频谱接入，如先听后说（LBT）和占空比静音（DCM）[7]。这些策略依赖于信道感知来避免同时传输数据。然而，采用信道感知模型的策略存在一个主要的缺点，即它们没有利用在轻负载系统中任何额外可用容量，因为轻负载系统实际上可以在干扰存在的情况下多用户同时传输。为了满足用户多样化的需求，本章允许多用户基于链路自适应使用同一个信道同时传输数据，并通过专用和共享信道的频谱聚合来探寻网络资源的更多维度。更进一步，本章试图研究通过干扰控制来聚合异构信道的根本好处是什么，目标是构建一个理论框架来充分挖掘这个好处。

在现有的工作中，很多文章提出了提高 LTE 和 Wi-Fi 共存的公平性和吞吐量的算法。文献[8]最大化了共享信道上两个系统的总吞吐量。文献[9]提出了一些保护 Wi-Fi 用户的公平性措施。然而，这些文章都仅仅关注物理层性能而没有考虑设备上的突发数据到达。用户往往需要弹性服务，从而造成突发数据到达。在这种背景下，最大化公平性或吞吐量的算法不能保证系统队列的稳定性，从而严重损害部分用户的服务体验。因此从队列稳定性的角度研究具有异构频谱聚合能量的多个系统共存是非常重要的。

3.1.3　异构频谱聚合系统研究现状

3.1.3.1　异构系统

在学术界，LTE-U 和 Wi-Fi 共存问题近来引起了广泛关注。许多论文研究了基于 LBT 和 DCM 的 LTE-U 和 Wi-Fi 共存的吞吐量以及公平性问题。文献[10]通过优化冲突窗口大小，提出了一种基于公平性的授权协助接入和资源调度方案。文献[11]设计了一种基于协作软合成的频谱感知方案，并对吞吐量进行了分析。但是，采用协议干扰模型的策略无法充分利用轻负载系统中的所有可用容量。本章构建了一个理论框架，通过干扰管理来充分利用异构信道聚合的优势，以实现系统和谐共存。

多个系统之间的干扰协调也是系统共存的一个重要问题。文献[12]针对多个 LTE-U 系统使用未授权频谱提出了干扰协调机制以实现多系统共存。文献[13]通过引入超接入点的概念实现了更好的频谱分配和干扰协调。这些方案的局限性在于需要集中控制器。本章提出了一种分布式功率控制算法，不需要与多个系统中的用户进行协调，用户根据观测的信道质量和通过监测无线通信系统中的控制信号来获得信息以调整功率。

3.1.3.2　基于稳定的算法

文献[14]给出了几种常见的处理时延感知资源分配的方法。大偏差[15]是一种将时延约束转化为速率约束的方法，但是这种方法仅在较大时延容忍的条件下才能获得良好的性能。随机优化[16]可以优化对称到达情况下的时延。马尔可夫决策过程（MDP）[17]可以将一般情况下的时延最小化，但是通过遍历或策略迭代方法来解贝尔曼方程会导致复杂度维度诅咒。

Lyapunov 优化[18]是一种有效的队列稳定性方法，只要平均到达速率在系统稳定区域内，就能保证队列系统稳定。另外，Lyapunov 优化对于解决异构频谱聚合问题有两个好处：

（1）不需要在共享信道上协调多个系统。这种在线算法非常适合共存系统，因为在这些系统中，我们只能获得有关其他共享系统的有限信息。

（2）Lyapunov 优化方法具有较低的计算复杂度，使得相关的算法可以应用于具有不同业务模型和业务速率的场景。

大多数现有基于 Lyapunov 优化的算法并不适用异构频谱聚合系统，这是因为我们无法控制共享系统中设备的行为，并且无法准确知道共享系统中用户队列长度、用户信道状态等全局信息。基于 Lyapunov 优化进行频谱共享的文献不多。文献[19]提出了一种基于 LBT 的机会式的分布式频谱共享算法。不同于文献[19]，本章允许多用户在共享信道上同时传输数据，以充分利用共享信道的可用容量。

3.1.4　贡献

本章提出了一个异构频谱聚合系统的分析框架，它可以聚合多个专用和共享信道。为了使共享信道上的所有系统稳定，本章从队列稳定性的角度设计了一个多系统共存的资源分配算法。主要贡献如下：

（1）针对由一个专用信道和一个共享信道组成的基本系统，本章闭式地提出了修正的注水功率分配解决方案。频谱聚合系统用户在两个信道上传输数据，共享系统用户只能在共享信道上传输数据。本章从理论上量化用户之间的干扰和信道质量如何影响功率分配，所提出的算法可以充分利用共享信道的可用容量，仅需要控制频谱聚合系统用户的行为就可以使得两个系统同时稳定。

（2）通过队列长度估计，本章所提出的算法能够应用到现实中的共存系统中，其中共享系统的队列长度信息是不能精确知道的。本章还将进一步分析了不完美的队列长度估计带来的性能损失。

（3）一般多用户情形下的优化问题是 NP 难题，本章提出了一个低复杂度的次优资源分配方案。具体来说，使用图染色方法将频谱聚合系统用户分成组，并根据最大权重二分图匹配模型将共享信道分配给生成的组。为了在二分图中安排权重，将双用户情况下修正的注水功率分配以迭代的方式扩展到多用户情况。

3.2 异构频谱聚合系统模型

3.2.1　异构频谱聚合系统

考虑两个共存系统，包括由 N 个用户组成的频谱聚合系统和由 K 个用户组成的共享系统。将用户的集合分别表示为 $\mathcal{N}$ 和 $\mathcal{K}$。有两种类型的信道，包括仅能被频谱聚合系统使用的 N 个专用信道和能被两个系统使用的 M 个共享信道。将两种信道集合分别表示为 $\mathcal{N}^c$ 和 $\mathcal{M}$。时间是由多个时隙构成，每个时隙的持续时间是一个单位。假设信道条件在一个时隙的持续时间内是恒定的，并且可以在时隙之间变化。图 3-1 表示这个异构频谱聚合系统，图中下部分表示频谱聚合系统，上部分表示共享系统。在共享系统中，每个用户使用共享信道进行通信，因此当多个用户同时使用共享信道时，通信会相互干扰。在频谱聚合系统中，每个用户不仅可以使用专用信道进行通信，还可以聚合共享信道进行辅助通信。

在异构频谱聚合系统中，采用 MAC 层频谱聚合技术以便与传统的蜂窝移动通信系统平滑兼容[21]，即设备有两个物理层收发器分别用于专用信道和共享信道。每个频谱聚合系统用户具有固定的专用信道，即用户 i（$i \in \mathcal{N}$）使用信道 i（$i \in \mathcal{N}^c$）进行通信。由于频谱聚合系统用户具有频谱聚合能力，除了专用信道，一个频谱聚合系统用户可以聚合一个共享信道 j（$j \in \mathcal{M}$）进行辅助通信。

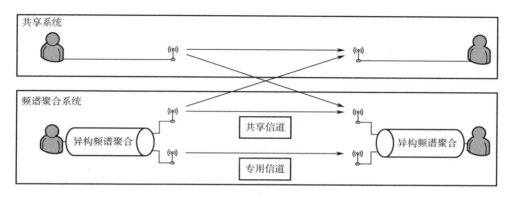

图 3-1　异构频谱聚合系统

在共享系统中，用户不具有频谱聚合能力，并且每个用户只能在共享信道上通信。共享系统用户不根据共享信道上频谱聚合系统通信引起的干扰来调整它们的通信行为，该策略在频谱共享场景中[13,22]被广泛采用。在不知道频谱聚合系统用户的情况下，只要队列不为空，共享系统用户就以最大功率 p_m 进行通信；如果它们的队列是空的，则不进行通信。这样的策略可以最大化其吞吐量并以尽力而为的方式确保自身稳定。

令 $\boldsymbol{G}(t)$ 作为全局信道状态，即 $\boldsymbol{G}(t)=\{g_{ik}^{j}(t), i, k \in \mathcal{N} \bigcup \mathcal{K}, j \in \mathcal{N}^{c} \bigcup \mathcal{M}\}$，其中 $g_{ik}^{j}(t)$ 表示从发射机 i 到接收机 k 在信道 j 上通信的信道状态。

3.2.2　资源分配模型

频谱聚合系统的控制器（如基站）可以完全控制频谱聚合系统用户的行为，但不能直接控制共享系统用户的行为。在每个时隙的开始，控制器确定 N 中发射机的信道和功率分配。相关的控制变量定义如下：

（1）信道分配矩阵 $\boldsymbol{b}(t)$：定义 $\boldsymbol{b}(t)=\{b_{i}^{j}(t), \forall i \in \mathcal{N}, \forall j \in \mathcal{M}\}$，其中 $b_{i}^{j}(t) \in \{0,1\}$，$b_{i}^{j}(t)=1$ 表示发射机 i 在时隙 t 在信道 j 上通信。

（2）功率分配矩阵 $\boldsymbol{P}(t)$：定义 $\boldsymbol{P}(t)=\{p_{i}^{j}(t), \forall i \in \mathcal{N}, \forall j \in \mathcal{N}^{c} \bigcup \mathcal{M}\}$，其中 $p_{i}^{j}(t)$ 表示发射机 i 在时隙 t 在信道 j 上的传输功率。

通过调整发射机的资源分配变量，可改变由频谱聚合系统用户产生的干扰，从而间接影响用户在共享信道上的数据速率。记数据速率为 $r[\boldsymbol{P}(t), \boldsymbol{b}(t), \boldsymbol{G}(t)]=$

$\{r_i[\boldsymbol{P}(t),\boldsymbol{b}(t),\boldsymbol{G}(t)],i\in\mathcal{N}\cup\mathcal{K}\}$，其中 $r_i[\boldsymbol{P}(t),\boldsymbol{b}(t),\boldsymbol{G}(t)]$ 表示用户 i 在时隙 t 的数据速率，可以表示为

$$r_i[\boldsymbol{P}(t),\boldsymbol{b}(t),\boldsymbol{G}(t)]=\begin{cases} r_i^j(t)+\sum_{j\in\mathcal{M}}b_i^j(t)r_i^j(t),\forall i\in\mathcal{N}\\ r_i^j(t),\forall i\in\mathcal{K}\end{cases} \tag{3-1}$$

式中，$r_i^j(t)$ 表示用户 i 在时隙 t 在信道 j 的数据速率，可以表示成

$$r_i^j(t)=\begin{cases} \log_2[1+g_{ii}^i p_i^i(t)],\forall i\in\mathcal{N},i=j\\ \log_2\left(1+\dfrac{g_{ii}^i p_i^i(t)}{1+I_i^j(t)}\right),\forall i\in\mathcal{N},j\in\mathcal{M}\\ l_{\{Q_i(t)>0\}}\log_2\left(1+\dfrac{g_{ii}^i p_i^i(t)}{1+I_i^j(t)}\right),\forall i\in\mathcal{K},i=j\\ 0,\text{其他} \end{cases} \tag{3-2}$$

式中，$l_{(Q_i(t)>0)}$ 是一个指示函数，当 $Q_i(t)>0$ 时取 1，当 $Q_i(t)\leqslant 0$ 时取 0，$1+I_i^j(t)$ 表示用户 i 在信道 j 上的归一化后的干扰，可以表示为

$$I_i^j(t)=\begin{cases} l_{(Q_i(t)>0)}p_m g_{ji}^j(t)+\sum_{i\in\mathcal{N},l\neq i}b_i^j(t)p_i^j(t)g_{ji}^j(t),\forall i\in\mathcal{N},j\in\mathcal{M}\\ \sum_{i\in\mathcal{N}}b_i^j(t)p_i^j(t)g_{ji}^j(t),\forall i\in\mathcal{K},i=j \end{cases} \tag{3-3}$$

3.2.3　队列动态方程及稳定性

为了分析稳定性，首先介绍数据包队列长度。每个用户有一个数据包队列，用户 i 在时隙 t 的数据包队列长度记为 $Q_i(t)$。令 $\boldsymbol{A}(t)=\{A_i(t),\forall i\in\mathcal{N}\cup\mathcal{K}\}$ 表示随机数据到达，其中用户 i 在时隙 t 的随机数据到达是 $A_i(t)$。假设 $\boldsymbol{A}(t)$ 是时间独立同分布的，满足 $E[A_i(t)]=\lambda_i$，其中 λ_i 是用户 i 的平均随机数据到达速率。因此，$Q_i(t)$ 的队列动态方程是

$$Q_i(t+1)=\max\{Q_i(t)-r_i(t),0\}+A_i(t) \tag{3-4}$$

为了从队列稳定性角度研究异构频谱聚合系统的共存问题，根据文献[18]定义队列稳定性如下：

定义 1（队列稳定性）：

若队列 $Q_i(t)$ 是强稳定的，则满足

$$\lim_{T \to \infty} \frac{1}{T} \left(\sum_{t=0}^{T} E[Q_i(t)] \right) < \infty \qquad (3\text{-}5)$$

如果频谱聚合系统和共享系统中的所有队列都是强稳定的，那么异构频谱聚合系统的共存是稳定的。

3.2.4　优化问题

为了保证异构频谱聚合系统的共存是稳定的，定义容量区域[19]如下：

定义 2（系统容量区域）：

系统容量区域 $\varLambda$ 是指在符合功率约束 $\boldsymbol{P}(t) \in \varPi$ 的条件下，所有可以通过功率分配算法使得系统稳定的所有进入速率向量 $\boldsymbol{\lambda}$ 的包络。

本节假设进入速率向量都严格在容量区域内，从而系统是可以稳定的。本节的目标是在功率约束的条件下，确定资源分配以保证频谱聚合系统和共享系统的稳定。定义 $\pi_{G(t)}$ 为每个信道状态的出现概率。对于任意 $\lambda_i \in \boldsymbol{\lambda}$，资源分配中的信道分配 $\boldsymbol{b}(t)$ 和功率分配 $\boldsymbol{P}(t)$ 应当满足

$$\sum_{\boldsymbol{G}(t)} \pi_{\boldsymbol{G}(t)} r_i[\boldsymbol{P}(t), \boldsymbol{b}(t), \boldsymbol{G}(t)] \geqslant \lambda_i, \forall i \in \mathcal{N} \cup \mathcal{K} \qquad (3\text{-}6)$$

$$\boldsymbol{P}(t) \in \varPi \qquad (3\text{-}7)$$

$$\sum_{j \in \mathcal{M}} b_i^j(t) \leqslant 1, \forall i \in \mathcal{N} \qquad (3\text{-}8)$$

式（3-6）是稳定状态下的速率约束，式（3-7）是功率约束，式（3-8）表示频谱聚合系统用户由于频谱聚合能力限制只能聚合一个共享信道。在没有到达速率的先验知识的情况下，难以直接判断是否满足式（3-6）。在定义 1 中根据 Little 定律[23]重写式（3-6）并作为队列稳定性条件，可以得到一个动态资源分配算法，该算法不仅可以满足稳定性和能耗约束的要求，还可以通过

Lyapunov 优化来平衡平均能耗和平均队列长度。

3.3 面向队列稳定性的异构资源调度算法

3.3.1　单用户异构频谱聚合系统的资源分配

本节首先考虑在每个系统中仅有一个用户的基本系统，再考虑多用户的情况。本节通过一阶近似得到了闭式的修正注水功率控制算法，该算法表征了共享系统对频谱聚合系统的影响。此外，证明了基于 Lyapunov 优化的两个系统的稳定性，并讨论了带有队列估计的算法实现。

3.3.1.1　修正注水功率控制算法

在基本系统中有两个用户和两个信道，用户 0 属于共享系统，它只能使用信道 0，用户 1 属于频谱聚合系统，它可以使用信道 0 和信道 1。由于信道分配已经给定，需要确定用户 1 在共享信道 0 和专用信道 1 上的功率分配。

为了保证系统稳定性，采用二次型 Lyapunov 函数[19]，它以速率的平方随着队列长度的增加而增加，并且可以提供足够大的惩罚函数，从而使得系统稳定。

$$L[Q_0(t), Q_1(t)] = (Q_0(t))^2 + (Q_1(t))^2 \qquad (3\text{-}9)$$

根据定义 1，只有 $Q_0(t)$ 和 $Q_1(t)$ 都稳定，异构频谱聚合系统才能稳定。

为了考虑功率约束，采用 V 作为能量的价格，相关的 Lyapunov 优化问题为

$$\max_{\boldsymbol{p}(t)} Q_0(t) r_0(t) + Q_1(t) r_1(t) - V[p_1^0(t) + p_1^1(t)] \qquad (3\text{-}10)$$

式中，

$$r_0(t) = l_{\{Q_0(t) > 0\}} \log_2\left(1 + \frac{p_{\mathrm{m}} g_{00}^0(t)}{1 + p_1^0(t) g_{10}^0(t)}\right) \qquad (3\text{-}11)$$

$$r_1(t) = \log_2[1 + p_1^1(t)g_{11}^1(t)] + \log_2\left(1 + \frac{p_1^0(t)g_{11}^0(t)}{1 + l_{\{Q_0(t)>0\}}p_m g_{01}^0(t)}\right) \tag{3-12}$$

为了使 Lyapunov 优化问题最优，在式（3-10）中分别对 $p_1^0(t)$ 和 $p_1^1(t)$ 求偏导，并使它们等于零。在最优情况下，分配给专用信道的功率是

$$p_1^1(t) = \frac{Q_1(t)}{V/\ln 2} - \frac{1}{g_{11}^1(t)} \tag{3-13}$$

这是一个标准的注水原则。分配给共享信道的功率是

$$Q_0(t)\frac{g_{10}^0(t)}{1 + p_1^0(t)g_{10}^0(t) + p_m g_{00}^0(t)} - Q_0(t)\frac{g_{10}^0(t)}{1 + p_1^0(t)g_{10}^0(t)} +$$

$$Q_1(t)\frac{g_{11}^0(t)}{1 + l_{\{Q_0(t)>0\}}p_m g_{01}^0(t) + p_1^0(t)g_{11}^0(t)} - \frac{V}{\ln 2} = 0 \tag{3-14}$$

注意到上面的公式是一个三次方程，其形式太复杂，无法获得闭式解，也无法提取关于异构频谱聚合如何影响这两个系统的关键信息。这是由于两个用户的队列相互干扰而相互耦合造成的。

为了研究频谱聚合系统和共享系统之间的相互作用，利用共享信道的两个用户之间相互干扰较小的性质，即两个用户的队列之间的耦合较弱[15,24]。将 δ 表示为它们最大的交叉链路信道增益，即 $\delta = \max_t g_{10}^0(t)$。利用这个弱耦合性质得到一个合理的近似闭式解，该定理如下：

定理 1（异构频谱聚合系统中修正注水原则）：

为了使目标函数最优，在频谱聚合系统中分配给共享信道的功率是

$$p_1^0(t) = \frac{Q_1(t)}{\frac{V}{\ln 2} + Q_0(t)g_{10}^0(t)\frac{p_m g_{00}^0(t)}{1 + p_m g_{00}^0(t)}} - \frac{1 + l_{\{Q_0(t)>0\}}p_m g_{01}^0(t)}{g_{11}^0(t)} + o(\delta) \tag{3-15}$$

证明：

对泰勒展开式[33]采用一阶近似，可得到

$$\log_2[1 + p_1^0(t)g_{10}^0(t)] = \ln 2\, p_1^0(t)g_{10}^0(t) + o(\delta) \tag{3-16}$$

$$\log_2[1 + p_1^0(t)g_{10}^0(t) + p_m g_{00}^0(t)] = \log_2[1 + p_m g_{00}^0(t)] + \frac{\ln 2}{1 + p_m g_{00}^0(t)} p_1^0(t)g_{10}^0(t) + o(\delta)$$

（3-17）

把式（3-16）和式（3-17）代入式（3-10），可得到

$$\max_{p_1^0(t), p_1^1(t)} Q_0(t)\left(\log_2[1 + p_m g_{00}^0(t)] + \frac{\ln 2}{1 + p_m g_{00}^0(t)} p_1^0(t)g_{10}^0(t) \right)$$

$$-\log_2 Q_0(t)[p_1^0(t)g_{10}^0(t)] + o(\delta) + Q_1(t)\log_2[1 + p_1^1(t)g_{11}^1(t)]$$

$$+Q_1(t)\log_2[1 + I_{\{Q_0(t)>0\}} p_m g_{01}^0(t) + p_1^0(t)g_{11}^0(t)]$$

（3-18）

$$-Q_1(t)\log_2[1 + I_{\{Q_0(t)>0\}} p_m g_{01}^0(t)]$$

$$-V[p_1^0(t) + p_1^1(t)]$$

在式（3-18）中对 $p_1^0(t)$ 求偏导并使其等于 0，可得到

$$Q_0(t)\frac{1}{1 + p_m g_{00}^0(t)} g_{10}^0(t) - Q_0(t)g_{10}^0(t) +$$

$$Q_1(t)\frac{g_{11}^0(t)}{1 + I_{\{Q_0(t)>0\}} p_m g_{01}^0(t) + p_1^0(t)g_{11}^0(t)} + o(\delta) - \frac{V}{\ln 2} = 0$$

（3-19）

注意到式（3-19）是关于 $p_1^0(t)$ 的线性方程，通过对这个方程求解，定理 1 即可得证。

近似的功率分配控制算法可以修正注水高度和海底高度，如图 3-2 所示。

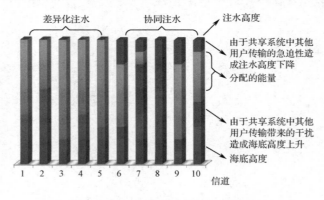

图 3-2　修正注水高度和海底高度

如果共享系统中用户队列长度为 0，则这种修正注水解决方案会变成

$$p_1^0(t) = \frac{Q_1(t)}{V/\ln 2} - \frac{1}{g_{11}^0(t)} \qquad (3\text{-}20)$$

通过比较修正前的注水方案和修正后的注水方案，本节分析了共享系统对频谱聚合系统注水过程的影响。

（1）由队列长度 $Q_0(t)$ 带来的影响：$Q_0(t)$ 表示用户 0 在共享信道上传输的急迫性，它通过使 V 增大 $\ln 2 Q_{0(t)} g_{10}^0(t) \dfrac{p_\mathrm{m} g_{00}^0(t)}{1 + p_\mathrm{m} g_{00}^0(t)}$ 进而降低了注水高度。

（2）信道增益带来的影响：信道增益 $g_{00}^0(t)$ 表示用户 0 的传输机会好的程度。如果用户 0 的信道质量差，即 $g_{00}^0(t)$ 很小，则用户 1 可以更积极地访问共享信道。此外，包括 $g_{01}^0(t)$ 和 $g_{10}^0(t)$ 交叉链路信道的增益会相互干扰而导致负面影响，因此这将导致在共享信道上分配的功率下降。

（3）传输功率 p_m 带来的影响：共享系统用户功率的影响有两方面，包括频谱聚合系统用户的干扰和共享系统用户的传输机会。因此，p_m 不仅使海底高度上升，而且降低了注水高度，从而降低了为频谱聚合系统用户分配的功率。

图 3-2 中，海底高度上升是由干扰共享系统的干扰造成的；注水高度下降是由共享系统用户的传输紧迫性造成的。下面的定理将证明一阶近似不影响两个系统的稳定性。

定理 2（系统稳定性）：

在给定功率约束 $\boldsymbol{P}(t) \in \Pi$ 下，假设进入速率向量 $\boldsymbol{\lambda}$ 严格在容量区域 $\boldsymbol{\Lambda}$ 内，那么提出的功率分配准则可以使得共享系统和频谱聚合系统的队列都稳定。具体而言，平均能耗和平均总队列长度满足

$$\overline{p} = \lim_{T \to \infty} \frac{1}{T} \sum_{t=0}^{T} E[p(t)] \leqslant \Phi(\lambda_0 + \epsilon, \lambda_1 + \epsilon) + \frac{B'}{V} \qquad (3\text{-}21)$$

$$\lim_{T \to \infty} \frac{1}{T}\left(\sum_{t=0}^{T} Q_0(t) + \sum_{t=0}^{T} Q_1(t)\right) \leqslant \frac{B'}{2\epsilon} + \frac{V[\Phi(\lambda_0 + \epsilon, \lambda_1 + \epsilon) - \overline{p}]}{2\epsilon} \qquad (3\text{-}22)$$

式中，$B' = E[(A_0(t))^2] + E[(A_1(t))^2] + E[(r_0(t))^2] + E[(r_1(t))^2] + 2E[r_0(t)]\lambda_0 + 2E[r_1(t)]\lambda_1 -$

$o(\delta)$；ϵ 表示进入速率向量 λ 和容量区域 Λ 边界的距离，满足 $E[r_0(t)] \geq \lambda_0 + \epsilon$、$E[r_1(t)] \geq \lambda_1 + \epsilon$；$\Phi(\lambda_0, \lambda_1)$ 表示稳定平均到达速率向量 λ 的系统的最小能耗，$o(\delta)$ 表示近似偏差 $\log_2[1 + p_1^0(t)g_{10}^0(t)] - \log_2 p_1^0(t)g_{10}^0(t)$，它是负的。

证明：

根据式（3-16），由于 $\log_2(1+x)$ 的一阶偏导比 1 小（这对于所有正的 x 都成立），可得到 $o(\delta) < 0$。根据式（3-17），由于 $\dfrac{1}{1 + p_m g_{00}^0(t)} < 1$，可得到 $|o(\delta)|$ 在式（3-16）中比在式（3-17）中要大。采用这些近似后，$o(\delta)$ 在近似优化方程中满足 $o(\delta) < 0$。这些近似实际上用 $r_0(t)$ 代替 $r_0'(t) - o(\delta)$。因此，本节并没有直接优化原优化问题，而是优化了原优化问题的近似问题

$$\max_{p_1^0(t), p_1^1(t)} Q_0(t)r_0'(t) + Q_1(t)r_1(t) - V[p_1^0(t) + p_1^1(t)] \qquad (3\text{-}23)$$

为了使用 Lyapunov 优化，本节采用最小化偏移算法。原优化问题的 Lyapunov 偏移与能量代价函数之和为

$$\Delta[Q_0(t), Q_1(t)] + VE[p(t)|Q_0(t), Q_1(t)]$$

$$\leq B + 2Q_0(t)\lambda_0 - 2Q_0(t)E[r_0(t)] + 2Q_1(t)\lambda_1 - 2Q_1(t)E[r_1(t)]$$

$$+ V\Phi(\lambda_0 + \epsilon, \lambda_1 + \epsilon) \qquad (3\text{-}24)$$

原优化问题近似问题的 Lyapunov 偏移与能量代价之和

$$\Delta[Q_0(t), Q_1(t)] + VE[p(t)|Q_0(t), Q_1(t)] \leq B' - 2Q_0(t)\epsilon - 2Q_1(t)\epsilon + V\Phi(\lambda_0 + \epsilon, \lambda_1 + \epsilon) \qquad (3\text{-}25)$$

对 t 从 0 到 T 求和，并对其求期望，可得到

$$E[L(Q_0(T), Q_1(T))] - E[L(Q_0(0), Q_1(0))] + V\sum_{t=0}^{T} E[p(t)]$$

$$\leq TB' - 2\epsilon \sum_{t=0}^{T} Q_0(t) - 2\epsilon \sum_{t=0}^{T} Q_1(t) + V\Phi(\lambda_0 + \epsilon, \lambda_1 + \epsilon) \qquad (3\text{-}26)$$

因此可得到

$$\frac{1}{T}\sum_{t=0}^{T}E[p(t)] \leqslant \Phi(\lambda_1+\epsilon,\lambda_2+\epsilon) + \frac{B'}{V} + \frac{E[L(Q_0(0),Q_1(0))]}{2VT} \tag{3-27}$$

$$\frac{1}{T}\sum_{t=0}^{T}Q_0(t) + \frac{1}{T}\sum_{t=0}^{T}Q_1(t) \leqslant \frac{B'+V(\Phi(\lambda_0+\epsilon,\lambda_1+\epsilon)-\sum_{t=0}^{T}E[p(t)])}{2\epsilon} + \frac{E[L(Q_0(0),Q_1(0))]}{2\epsilon T}$$

$$\tag{3-28}$$

证毕。

根据定理 2，本章节所提出的近似功率分配算法不影响稳定性，但对平均能耗和平均总队列长度的性能有影响。具体来讲，由于 $o(\delta)$ 是负的，B' 以阶数 $o(\delta)$ 比 B 大，$B'-B$ 服从 δ 阶无穷小，即 $o(\delta)$，其中 $B=E[(A_0(t))^2] + E[(A_1(t))^2] + E[(r_0(t))^2] + E[(r_1(t))^2] + 2E[r_0(t)]\lambda_0 + 2E[r_1(t)]\lambda_1$，是原优化方程中的参数。近似精度越高，性能损失越小。

本章提出的近似功率分配算法可以很容易地扩展到多信道的情况。考虑频谱聚合系统用户能够聚合 N 个专用信道和 M 个共享信道。采用类似的技术，我们可以很容易地获得分配给专用信道 j 和共享信道 i 的功率，即

$$p_1^j(t) = \frac{Q_1(t)}{V/\ln 2} - \frac{1}{g_{11}^j(t)} \tag{3-29}$$

$$p_1^i(t) = \frac{Q_1(t)}{\dfrac{V}{\ln 2} + Q_i(t)g_{1i}^i(t)\dfrac{p_{\mathrm{m}}g_{ii}^i(t)}{1+p_{\mathrm{m}}g_{ii}^i(t)}} - \frac{1+I_{\{Q_i(t)>0\}}p_{\mathrm{m}}g_{i1}^i(t)}{g_{11}^i(t)} + o(\delta) \tag{3-30}$$

3.3.1.2　带有队列估计的算法实现

本章提出的功率分配算法需要准确知道共享系统的队列长度信息，而这在实际应用中是不现实的。频谱聚合系统用户需要估计共享系统用户的队列长度。本节采用以下队列长度估计算法[22]，并进一步分析其对功率分配算法的影响。

如果共享系统用户 i 在发送信息，则将队列长度估计为

$$\widehat{Q}_i(t+1) = \max\{\widehat{Q}_i(t) - r_i(t), 0\} + \lambda_i + \omega \tag{3-31}$$

式中，$\lambda_i + \omega$ 为进入速率估计；ω 表示估计冗余量。队列长度减少 $r_i(t)$，成功传

输的数据包数目可以通过监听链路层 ACK 得到。

如果共享系统用户 i 静默，则可以准确估计其队列长度

$$\widehat{Q}_i(t) = Q_i(t) = 0 \tag{3-32}$$

这保证了估计误差是有界的。

频谱聚合系统用户不可能获得共享系统用户的准确到达速率 $A_i(t)$。在队列长度估计中，使用平均到达速率 λ_i 加上一个正的估计冗余量 ω 对到达速率 $A_i(t)$ 进行估计，以打造一个舒适的安全边界，即为共享系统中的用户提供有效的服务质量保障。

若使用上述的队列长度估计算法，则功率分配算法可以被修改为

$$p_1^0(t) = \frac{Q_1(t)}{\dfrac{V}{\ln 2} + \widehat{Q}_0(t) g_{10}^0 \dfrac{p_{\mathrm{m}} g_{00}^0(t)}{1 + p_{\mathrm{m}} g_{00}^0(t)}} - \frac{1 + l_{\{\widehat{Q}_0(t) > 0\}} p_{\mathrm{m}} g_{01}^0(t)}{g_{11}^0(t)} + o(\delta) \tag{3-33}$$

$$p_1^1(t) = \frac{Q_1(t)}{V/\ln 2} - \frac{1}{g_{11}^1(t)} \tag{3-34}$$

下面评估队列长度带来的影响。具体而言，下面的定理给出了 ω 带来的影响。

定理 3（采用队列长度估计的系统稳定性）：

假设进入速率向量 λ 在给定功率约束 $\boldsymbol{P}(t) \in \Pi$ 下满足 $\lambda + \omega \boldsymbol{I}$ 在容量区域 Λ 内，其中 $\boldsymbol{I}$ 是单位矩阵，与 λ 有相同的秩。对于任何正的估计冗余量 ω 满足 $0 < \omega < \epsilon$，使用该参数的队列长度估计算法可以使得系统的所有队列稳定。具体而言，平均能耗和平均总队列长度满足

$$\overline{p} = \lim_{T \to \infty} \frac{1}{T} \sum_{t=0}^{T} E[p(t)] \leqslant \Phi(\lambda_0 + \epsilon, \lambda_1 + \epsilon) + \frac{B'}{V} \tag{3-35}$$

$$\lim_{T \to \infty} \frac{1}{T} \left(\sum_{t=0}^{T} Q_0 + \sum_{t=0}^{T} Q_1(t) \right) \leqslant \frac{B'}{2\epsilon - 2\omega} + \frac{V[\Phi(\lambda_0 + \epsilon, \lambda_1 + \epsilon) - \overline{p}]}{2\epsilon - 2\omega} \tag{3-36}$$

证明：

无论 $Q_0(t)$ 和 $\widehat{Q}_0(t)$ 的关系如何，总有 $l_{\{\widehat{Q}_0(t)>0\}} = l_{\{Q_0(t)>0\}}$，这表示估计误差 $l_{\{\widehat{Q}_0(t)>0\}}$ 不会影响两个用户的输出速率，因此只需要分析由 ω 带来的误差。误差体现在 $\widehat{Q}_0(t)$ 对 $p_1^0(t)$ 的影响。

使用队列长度估计，需要稳定一个新系统，使其到达速率为 $\lambda + \omega I$。对于新系统，系统容量区域 Λ 是所有非负速率向量的集合 $\lambda + \omega I + \alpha I$，其中 $\alpha \geqslant 0$，并且 α 的数值表示速率向量 $\lambda + \omega I$ 和系统容量区域边界的距离。对于任意 $\omega > 0$，如果 $\lambda + \omega I$ 严格在 Λ 之内，那么原进入速率向量 λ 也严格在 Λ 内。因此，可以得出如下结论：如果新系统能够稳定，那么原系统也是稳定的。

对于新系统，优化采用队列长度估计的新的近似

$$\max_{p_1^0(t),p_1^1(t)} \widehat{Q}_0(t)r_0'(t) + Q_1(t)r_1(t) - V(p_1^0(t) + p_1^1(t)) \tag{3-37}$$

相应的 Lyapunov 偏移与能量代价之和为

$$\Delta(\widehat{Q}_0(t),Q_1(t)) + VE[\boldsymbol{p}(t)|\widehat{Q}_0(t),Q_1(t)]$$

$$\leqslant B + 2\widehat{Q}_0(t)\lambda_0 - 2\widehat{Q}_0(t)E[r_0(t)] + 2Q_1(t)\lambda_1 - 2Q_1(t)E[r_1(t)]$$

$$+ V\Phi(\lambda_0 + \epsilon + \omega, \lambda_1 + \epsilon + \omega) \tag{3-38}$$

与定理 2 的证明过程类似，对于 t 从 0 到 T 求和，求期望，并且取 $T \to \infty$。证毕。

如果选取 ω 满足 $0 < \omega < \epsilon$，那么估计冗余量不会影响系统稳定性。然而，由于不完美的队列长度估计，本章提出的功率分配算法稳定了一个比实际进入速率向量更大的新系统，这导致容量区域缩小 ωI。

为了计算最佳的功率分配，我们需要估计共享系统用户的信道质量，然而这并不总是能被准确估计的。我们根据信道估计的准确程度来决定功率分配的大小。$\hat{g}_{00}^0(t)$ 表示共享系统用户的估计信道质量，β 表示估计的百分比变化，即 $\hat{g}_{00}^0(t) = \beta g_{00}^0(t)$。根据近似方程，$\beta$ 由 $o(\delta)$ 决定，因此得到的功率分配为

$$p_1^0(t) = \frac{Q_1(t)}{\dfrac{V}{\ln 2} + Q_0(t)g_{10}^0(t)\dfrac{p_m \beta g_{00}^0(t)}{1 + p_m \beta g_{00}^0(t)}} - \frac{1 + l_{\{Q_0(t)>0\}} p_m g_{01}^0(t)}{g_{11}^0(t)} + o(\delta) \qquad (3\text{-}39)$$

一个大的 V 代表能耗很昂贵，这将引起注水高度的下降。在这种情况下，功率分配对 β 不敏感。大的 $Q_0(t)g_{10}^0(t)$ 导致功率分配对 β 敏感。小的 $Q_1(t)$ 表示频谱聚合系统用户的传输负载比较低，不太需要聚合共享信道进行通信。在这种情况下，功率分配对 β 不敏感。

3.3.2　多用户异构频谱聚合系统的资源分配

本节考虑在频谱聚合系统和共享系统中具有多个用户的系统模型。由于问题具有 NP 难的性质，本节提出了一种低复杂度次优资源分配算法。

在多用户异构频谱聚合系统中，Lyapunov 优化问题可以变成

$$\max_{b(t),p(t)} \sum_{i \in \mathcal{N}} Q_i(t)\left(r_i^i(t) + \sum_{j \in \mathcal{M}} b_i^j(t)r_i^j(t) \right) + \sum_{i \in \mathcal{K}} \sum_{j \in \mathcal{M}} Q_i(t)b_i^j(t)r_i^j(t)$$

$$-V \sum_{i \in \mathcal{N}} \sum_{j \in \mathcal{M}} [p_i^i(t) + p_i^j(t)] \qquad (3\text{-}40)$$

本节先讨论解决上述问题的复杂度的问题。

定理 4（NP 难性质）：

上述优化问题是强 NP 难的。

证明：

根据文献[34]，为了最小化总效用函数，频谱和功率联合分配问题是 NP 难的，即

$$\max \sum_{k=1}^{K} \log_2 \left(1 + \frac{s_k}{\sigma_k + \sum_{j \neq k} \alpha_{kj} s_j} \right) \qquad (3\text{-}41)$$

$$\text{s.t.} 0 \leq s_k \leq P_k, \forall k \in \mathcal{K} \qquad (3\text{-}42)$$

式中，s_k 表示用户 k 的传输功率；α_{kj} 表示用户 k 和用户 j 之间的干扰，σ_k 表示信道噪声。

通过取 $Q_i(t) = 0, \forall i \in \mathcal{K}$ 和 $Q_i(t) = 1, \forall i \in \mathcal{N}$ 并给定 $\boldsymbol{b}(t)$，多用户 Lyapunov 优化问题可以转化成与上述类似的问题，因此解决多用户 Lyapunov 优化问题的复杂度不低于解决上述问题的复杂度。多用户 Lyapunov 优化问题是强 NP 难的。

根据定理 4，多用户 Lyapunov 优化问题需要指数级复杂度来达到最优，这在实际中是不可接受的。下面针对多用户 Lyapunov 优化问题提出一种低复杂度的次优解。具体来说，通过两个步骤来解决上述问题。多用户异构频谱聚合系统资源分配如图 3-3 所示。

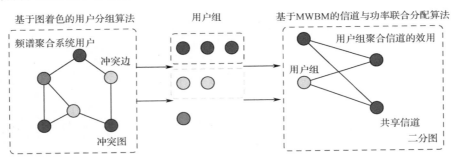

图 3-3　多用户异构频谱聚合系统资源分配

用户组：根据频谱聚合系统用户之间的相互干扰来划分用户组，同一组中的用户彼此干扰相对较小。将用户组问题建模为图着色问题，并采用次优算法进行效用最大化。

信道与功率联合分配：对共享信道和用户组之间进行配对。信道分配问题建模为最大权二分图匹配（Maximal Weight Bipartite Matching，MWBM）问题，通过迭代修改的注水功率得到权重。

（1）用户组。这一步将在 $\mathcal{N}$ 中的用户分成 M 组，即 $\mathcal{D} = \{\mathcal{F}_1, \mathcal{F}_2, \cdots, \mathcal{F}_M\}$，每个用户组根据用户之间的相互干扰进行构建。

对于用户组，引入一个冲突图 $\mathcal{H} = (N, \mathcal{E})$，其中 N 个顶点是频谱聚合系统中的 N 个用户，即把 $\mathcal{H}$ 的顶点集合记为 $\mathcal{N}$，边 $\mathcal{E}$ 表示两个用户之间的交叉干扰高于某个阈值，这样一来，同一组中的用户具有比该阈值更小的交叉干扰。

基于冲突图 $\mathcal{H}$，采用文献[25]中基于效用的图着色方法进行分组。图着色算法旨在使用给定数量的信道最大化总效用。用户 i 的效用为估计的多用户 Lyapunov 优化问题的目标函数的增加，其通过额外分配一个共享信道来实现。这个效用可以表示为

$$z_i(t) = \max_{\widehat{p_i}(t), p_i^i(t)} Q_i(t)[\widehat{r_i}(t) + r_i^i(t)] - V[\widehat{p_i}(t) + p_i^i(t)] - \max_{p_i^i(t)}[Q_i(t)r_i^i(t) - Vp_i^i(t)] \quad （3-43）$$

式中，$\widehat{p_i}(t)$ 是用户 i 分配到共享信道的能量；$\widehat{r_i}(t)$ 是估计的数据速率，即

$$\widehat{r_i}(t) = \log_2\left(1 + \frac{\widehat{p_i}(t)\widehat{g_i}}{1 + \widehat{I_i}(t)}\right) \quad （3-44）$$

式中，$\widehat{g_i}$ 是在所有共享信道上的平均信道增益；$\widehat{I_i}(t)$ 是在所有共享信道上的平均干扰，即

$$\widehat{I_i}(t) = \sum_{j \in M}\sum_{k \in \mathcal{K}} p_m g_{ki}^j(t)/M \quad （3-45）$$

式（3-43）中的优化问题可以通过让导数等于零来求得最优解，相应的最优值被用作用户 i 的效用。

利用用户的效用值，可以使用文献[25]中的算法将 $\mathcal{N}$ 中的用户划分为 M 个组。请注意，$\mathcal{N}$ 中的一些用户可能不在 M 组中，这意味着它们只能在时隙 t 中使用专用信道，这是由于信道数量和相互干扰阈值一同造成的。

在图 3-3 的例子中，用户被分成两组，只有 2 个共享信道，并且仅形成 2 个用户组。

（2）信道与功率联合分配。

在分组后，将共享信道分配给用户组。由于将频谱聚合系统中的用户分成 M 个组，其数量等于共享信道的数量，因此可以将信道与功率联合分配问题建模为 MWBM 问题。

本节引入一个加权二分图 $\mathcal{G} = (\mathcal{D}, \mathcal{M}, \boldsymbol{w})$，其中双方的顶点是用户组 $\mathcal{D}$ 和共享信道 $\mathcal{M}$。任何两个不同边的节点 y、j 都有一个边，其中权重 w_{yj} 为 Lyapunov 优化问题：

$$w_{yj} = \max_{\boldsymbol{p}(t)} \sum_{i \in \mathcal{F}_y} Q_i(t) \log_2 \left(1 + \frac{p_i^j(t)g_{ii}^j(t)}{1 + p_{\mathrm{m}}g_{ji}^j(t) + \sum_{d \in \mathcal{F}_y, d \neq i} p_d^j(t)g_{di}^j(t)} \right)$$

$$-V \sum_{i \in \mathcal{F}_y} [p_i^j(t) + p_i^i(t)] + Q_j(t) \log_2 \left(1 + \frac{p_{\mathrm{m}}g_{jj}^j(t)}{1 + \sum_{d \in \mathcal{F}_y} p_d^j(t)g_{dj}^j(t)} \right)$$

$$+ \sum_{i \in \mathcal{F}_y} Q_i(t) \log_2 [1 + p_i^i(t)g_{ii}^i(t)] \tag{3-46}$$

式中，第一项表示共享信道 j 上的 $\mathcal{F}_y$ 中频谱聚合系统用户的队列加权值，$\mathcal{F}_y$ 表示和顶点 y 直接相连的顶点的集合；第二项表示共享信道 j 上共享系统用户 j 的队列加权值；第三项表示专用信道上频谱聚合系统用户的队列加权值；最后一项代表能耗代价。

通过这种方式，信道分配向量 $\boldsymbol{b}(t)$ 和功率分配向量 $\boldsymbol{p}(t)$ 可以进行解耦，即边的权值通过最优的 $\boldsymbol{p}(t)$ 与每个可能的 $\boldsymbol{b}(t)$ 得到，最优的 $\boldsymbol{b}^*(t)$ 是在所有权重确定后通过求解 MWBM 问题得到。

为了计算权重，需要解决式（3-48）中的 Lyapunov 优化问题。由于组内的交叉干扰较小，所以可以采用定理 1 中的一阶近似。将这些近似值代入式（3-48），可以得到发射功率：

$p_i^j(t)$

$$= \frac{b_i^j(t)Q_i(t)}{\dfrac{V}{\ln 2} + Q_j(t)g_{ij}^j(t) \left(\dfrac{p_{\mathrm{m}}g_{jj}^j(t)}{\left(1 + p_{\mathrm{m}}g_{jj}^j(t) + \sum\limits_{d \in \mathcal{N}, d \neq i} b_d^j(t)p_d^j(t)g_{di}^j(t)\right)\left(1 + \sum\limits_{d \in \mathcal{N}, d \neq i} b_d^j(t)p_d^j(t)g_{dj}^j(t)\right)} \right)}$$

$$- \frac{b_i^j(t)\left(1 + l_{\{Q_j(t)>0\}}p_{\mathrm{m}}g_{ji}^j(t) + \sum\limits_{d \in \mathcal{N}, d \neq i} b_d^j(t)p_d^j(t)g_{di}^j(t)\right)}{g_{ii}^j(t)}, i \in \mathcal{N}, j \in \mathcal{M} \tag{3-47}$$

$$p_i^i(t) = (Q_i(t)) \Big/ \left(\frac{V}{\ln 2}\right) - 1/(g_i i^i(t)), i \in \mathcal{N} \tag{3-48}$$

式中，功率分配 $p_i^j(t)$ 是耦合的并且不能直接求解。与迭代注水功率分配相似[26]，本节提出了迭代修正注水功率分配的方法，即按照式（3-47）和式（3-48）迭代更新功率向量。将收敛的功率分配代入式（3-46）中，可得到每一条边的权重。在计算边权重后，通过求解 MWBM 问题可得到信道与功率分配，在这个过程中采用改进的最短路径搜索的增益路径算法，并使用斐波那契堆的迭代算法[27]。

在图 3-3 的例子中，频谱聚合系统中的用户被分成两组，可以得到一个 2×2 加权二分图，通过求解 MWBM 问题可找到实现最大效用的最佳匹配。

我们在算法 3-1 中使用伪代码来描述提出的资源分配算法，在每个时隙的开始处执行一次算法。在伪代码中，第 2～3 行表示初始化，第 4～6 行表示建立冲突图，将用户对划分成 M 组，第 7～12 行通过求解 MWBM 问题获得信道与功率联合分配。

对于算法 3-1 的复杂度，费时最久的部分就是在 12 行的 MWBM 算法，其复杂度是 $O(\min\{N,K\}(N+K)\log(N+K+\psi))$ [28]，其中 $|\psi| = NK + O(NK)$。因此，算法 3-1 的计算复杂度至多为 $O(e^2 \log(e))$，其中 $e = NK$。

算法 3-1　多用户异构频谱聚合系统资源分配算法

1: **loop**

2:　　观察信道参数 $g_{ik}^j(t)$

3:　　选取干扰门限 s 以及参数 V

4:　　生成冲突图 $\mathcal{H}$

5:　　根据式（3-43）计算效用

6:　　使用[85]中的最大效用染色算法得到 M 个组

7:　　建立二分图 $\mathcal{G}$，包括 M 个组构成的顶点和边 ψ

8:　　**for** i= 1 to $|\psi|$ **do**

9:　　　根据式（3-47）和式（3-48），通过迭代注水得到功率分配向量

10:　　　根据式（3-46）计算权值 w_{yj}

11:　　**end for**

12:　　使用修改的最短路径搜索的增益路径算法求解 MWBM 问题[48]
　　　　得到图 $\mathcal{G}$ 的最大二分图匹配

13：　　队列根据式（3-42）更新
14：**end loop**

3.4 实际应用前景

本章提出的异构频谱聚合分析框架可以应用于 LTE-U 和 Wi-Fi 系统的共存，本节讨论其中的一些兼容问题与解决方案。

Wi-Fi 和 LTE-U 具有完全不同的物理 MAC 协议。简而言之，LTE-U 系统使用集中式 MAC 协议，在时间-频率域中为用户分配不重叠的物理资源块组。在这种下行和上行的集中式多址接入的用户之间不存在竞争，这为 LTE-U 系统用户使用专用信道提供了条件。Wi-Fi 系统在设备之间实现独占信道的策略，具体来说，一个信道只能分配给一个 Wi-Fi 系统用户。Wi-Fi 系统使用 LBT 协议来解决争用，其中邻居设备通过在解码 MAC 报头中的持续时间字段之后设置其网络分配向量（Network Allocation Vector，NAV）来延迟访问信道。

为了使得提出的框架与基于 LBT 协议兼容，还要考虑以下问题：

（1）LTE-U 系统的感知时间比每个时隙中的 Wi-Fi 系统的感知时间略长，使得 Wi-Fi 系统不知道 LTE-U 系统的存在。LTE-U 系统用户利用本章提出的资源分配算法访问 Wi-Fi 系统，以保证两个系统的稳定性。

（2）由于 Wi-Fi 系统用户要独占信道，因此在时隙上共享相同信道的用户会发生变化。幸运的是，本章采用的 Lyapunov 优化方法可以将队列稳定性转化成最小化每个时隙的 Lyapunov 偏移，因此即使共享系统用户在不同时隙上不相同，LTE-U 系统用户也可以通过考虑当前共享系统用户来做出资源分配策略。

另外，本节分析了基于 LBT 协议的共享系统框架的性能。为了避免与共享系统用户发生冲突，本节采用稍长的监听周期 $\tau' > \tau$，并利用下面的 MAC 规则，

① 如果在监听期间，没有发现通信，那么更新估计队列 $\hat{Q}(t) = 0$，并且以

标准注水原则来分配功率。

② 如果听到了传输，则以修正注水原则来分配功率。

但是，由于增加了监听时间，性能将会下降。下面评估队列估计和监听带来的影响。具体而言，由下面的定理给出了 ω 和 τ 带来的影响。

定理 5（队列估计和监听下的系统稳定性）：

假设系统进入速率向量 $\boldsymbol{\lambda}$ 在给定能量约束 $P \in \Pi$ 下，严格满足 $\boldsymbol{\lambda} + \omega \boldsymbol{I} + (\epsilon \boldsymbol{I} + \boldsymbol{\lambda}) \dfrac{\tau'}{T}$ 在系统容量区域 Λ 内，其中 T 是帧长。对于任何正的估计冗余量 ω 和监听时间 τ' 满足 $0 < \omega + (\epsilon + \lambda_{\max}) \dfrac{\tau'}{T} < \epsilon$，其中 $\lambda_{\max} = \max\limits_{i \in \mathcal{N}} \{\lambda_i\}$，本节使用队列估计和监听算法可以稳定系统的所有队列。

具体而言，平均能耗和平均总队列长度满足

$$\overline{p} = \lim_{T \to \infty} \frac{1}{T} \sum_{t=0}^{T} E[p(t)] \leqslant \Phi(\lambda_0 + \epsilon, \lambda_1 + \epsilon) + \frac{B'}{V} \tag{3-49}$$

$$\lim_{T \to \infty} \frac{1}{T} \left(\sum_{t=0}^{T} Q_0(t) + \sum_{t=0}^{T} Q_1(t) \right) \leqslant \frac{B'}{2\epsilon - 2\omega - 2(\epsilon + \lambda_{\max}) \dfrac{\tau'}{T}} + \frac{V[\Phi(\lambda_0 + \epsilon, \lambda_1 + \epsilon) - \overline{p}]}{2\epsilon - 2\omega - 2(\epsilon + \lambda_{\max}) \dfrac{\tau'}{T}} \tag{3-50}$$

请注意，几乎所有基于 LBT 协议的系统都会受到监听时间带来的性能损失。

在传输阶段，为了进一步保护共享系统用户的 QoS，频谱聚合系统用户可以在具有功率约束的共享信道上通信，即

$$p_1^0(t) l_{Q_0(t)>0} \leqslant d \tag{3-51}$$

式中，d 表示当共享信道被占用时频谱聚合系统用户分配给共享信道的功率的上限。当 d 设置为零时，不允许共享信道上的用户同时通信。通过这种约束，频谱聚合系统用户的容量区域将缩小，而共享系统用户的容量区域将变大。

3.5 仿真结果

本节通过仿真来评估所提算法的性能，首先分析了所提算法的特点，包括队列稳定性和关键参数的影响，其次将所提算法的性能与其他算法的性能进行比较。

为了比较性能，本节对比了以下 4 种算法：

（1）基于稳定性的 LBT（Stability-based LBT）算法：频谱聚合系统用户根据 LBT 协议[8]访问共享信道，并使用 Lyapunov 优化来保证队列稳定性。

（2）基于吞吐量（Throughput-based）的算法：频谱聚合系统用户访问共享信道来最大化总吞吐量，而不考虑队列信息[6]。

（3）基于稳定性但无 SA 能力（Stability-based without SA）的算法：频谱聚合系统用户使用传统的 Lyapunov 优化[19]，只使用专用信道来稳定队列。

（4）基于大偏差算法（Large deviation-based）的算法：频谱聚合系统用户通过访问共享信道来最大限度地提高总吞吐量，同时使用大偏差来保证共享系统用户的 QoS[16]。

为了更好地将本章所提算法（记为 Proposed）与现实世界的系统连接起来，本节进一步进行系统级蒙特卡罗仿真，以证明所提算法可以应用于 LTE-U 和 Wi-Fi 系统的共存。

3.5.1 单用户系统

在仿真中，考虑到达速率呈现泊松分布的单用户系统，平均到达速率为频谱聚合系统用户每个时隙到达 2.5 个数据包，共享系统用户每个时隙到达 1.5 个数据包。传输链路的信道服从瑞利分布，衰落系数为 0.09，独立同分布。交叉干扰被设置为 0.01[29]。共享系统用户的发射功率固定为 40 dBm[30]。为了获得性能的平均和累积分布函数（Cummulative Density Function，CDF），仿真执行 100 次，其中每次包括 6000 时隙。

　　图 3-4 到图 3-8 为仿真结果。平均队列长度几乎与 V 呈线性关系，这与理论结果相当一致。通过调整 V 来调整能耗，可以满足平均能耗的约束。由于频谱聚合系统用户的传输主要依赖于专用信道，专用信道质量对系统性能影响很大。当改变估计的信道质量时，平均队列长度稍微改变，这证明了所提算法对 β 不敏感。平均队列长度通过采用 Lyapunov 优化被集中到一个小区域。

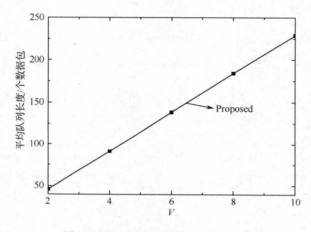

图 3-4　平均队列长度和 V 的关系

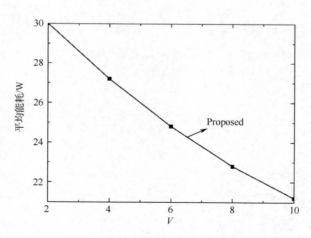

图 3-5　平均能耗和 V 的关系

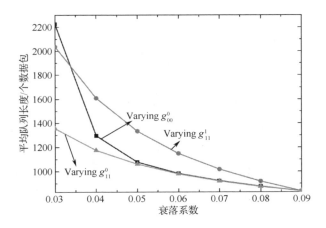

图 3-6　平均队列长度和衰落系数的关系

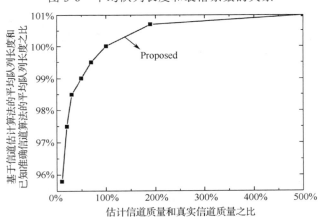

图 3-7　不准确信道估计对平均队列长度的影响示意图

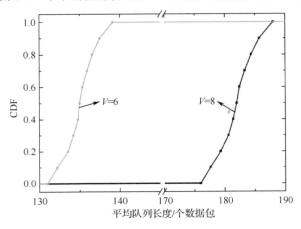

图 3-8　不同参数 V 下的平均队列长度的 CDF

　　图 3-9 到图 3-14 比较所提算法和其他 4 种算法的性能，两个系统的稳定性都得到验证。所提算法的性能优于其他 4 种算法，因为所提算法为每个信道动态分配功率。即使所提算法和基于稳定性的 LBT 算法都允许动态分配功率并且结合了频谱聚合技术，但是可以看到当具有较小的交叉链路干扰或共享系统的平均到达速率较大时，所提算法有较大的性能提高。基于稳定性但无 SA 能力的算法的性能比所提算法和基于稳定性的 LBT 算法差，这意味着通过引入频谱聚合技术可以提高性能。频谱聚合系统中的用户具有较高的交叉干扰，在低发射功率或高到达速率的情况下，基于吞吐量的算法性能并不稳定，这说明了设计基于队列稳定的算法的重要性。基于大偏差的算法在分配功率时不考虑频谱聚合系统用户的队列长度，因此它比基于 Lyapunov 优化的算法消耗更多的能量。

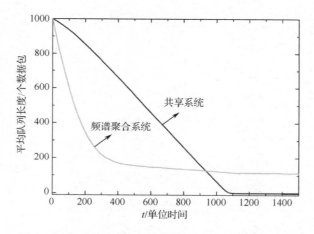

图 3-9　双系统中平均队列长度的收敛分析示意图

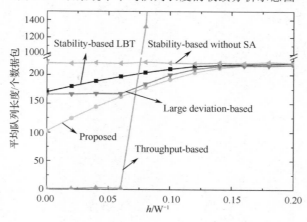

图 3-10　平均队列长度和 h 的关系

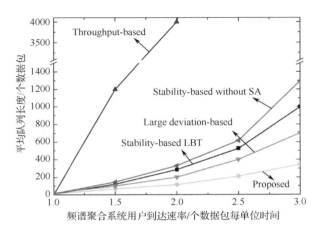

图 3-11　平均队列长度和频谱聚合系统用户到达速率的关系

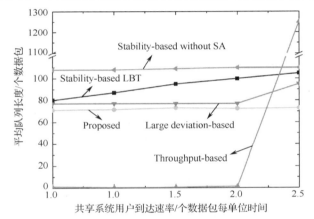

图 3-12　平均队列长度和共享系统用户到达速率的关系

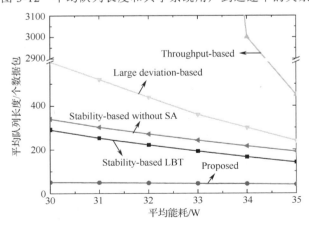

图 3-13　平均队列长度和平均能耗的关系

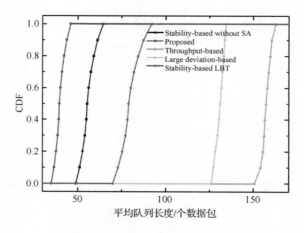

图 3-14　平均队列长度的 CDF

3.5.2　多用户系统

在针对多用户系统的仿真中，共享系统中有 6 个用户，频谱聚合系统中有 4 个用户。2 个共享信道用于两个系统的共享。假设到达速率服从泊松分布，频谱聚合系统用户的每个时隙的平均到达速率为 1、1.5、1.5、2 个数据包/单位时间，并且共享系统用户的每个时隙的平均到达速率为 1、1、1.5、1.5、2、2 个数据包/单位时间。其余参数与单用户系统的相同。

图 3-15 到图 3-17 证明了所提算法的稳定性，并且在多用户系统中与其他 4 种算法的性能进行比较。由于共享系统的平均队列长度不会变为零，所以基于稳定性的 LBT 算法几乎与基于稳定性但无 SA 能力的算法相同。基于吞吐量的算法的 CDF 的斜率小于基于 Lyapunov 优化算法的 CDF 的斜率，这是因为基于吞吐量的算法没有考虑队列长度。与单用户系统相比，多用户系统的交叉干扰较高，因此性能提升变小。

本节通过系统级的蒙特卡罗模拟来演示所提出算法可以应用于 LTE-U/Wi-Fi 系统的共存。根据文献[12,31-32]中的参数设置，考虑有一个 LTE-U 系统用户和 5 个 Wi-Fi 系统用户的系统，这些用户随机部署在 500 m×500 m 的矩形区域中。Wi-Fi 系统用户的发射功率为 30 dBm，LTE-U 系统用户的发射功率根据所提算法动态控制。加性高斯噪声功率为 $N_0 = -174\,\text{dBm/Hz}$，带宽为 $B = 20\,\text{MHz}$。传输链路的信道遵循衰落系数为 0.09 的瑞利分布，并且是独立同分布的。从用户 i 到 j 使用信道 k 的信道增益 $g_{ij}^{k}(t) = q_{ij}^{k}(t)(l_{ij}^{k})^{-4}/(BN_0)$，其中 $q_{ij}^{k}(t)$ 表示瑞利衰落，l_{ij}^{k} 是用户 i 和 j 的距离。Wi-Fi 系统用户的平均到达速率分别为 4 Mbit/s、4.5 Mbit/s、5 Mbit/s、5.5 Mbit/s、6 Mbit/s，LTE-U 系统用户的平均到达速率为 30 Mbit/s。每个 Wi-Fi 用户的频谱监听持续时间为 20 ms，LTE-U 系统用户的频谱监听持续时间为 20.5 ms，比 Wi-Fi 系统用户的稍长，这使得 Wi-Fi 系统用户不知道 LTE-U 系统用户的存在。传输时间为 60 ms。在 500 个随机生成的场景中进行模拟，以获得系统性能的平均值和 CDF[5]。

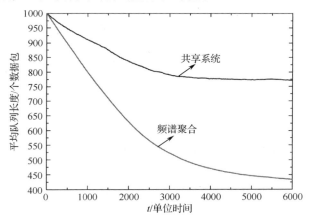

图 3-15　多用户系统中队列长度收敛性

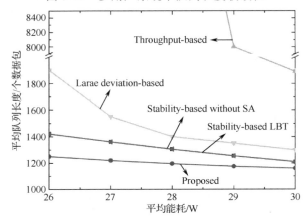

图 3-16　多用户系统中平均队列长度和平均能耗的关系

图 3-18 到图 3-20 给出了所提算法的稳定性并提供了 LTE-U 和 Wi-Fi 系统的性能比较。当平均队列长度较小时，所提算法的 CDF 与基于稳定性的算法的 CDF 之间的距离较大，这与图 3-18 中的结果一致。小的平均队列长度反映了良好的信道条件和小的交叉干扰，在这种情况下，所提算法能够显著提升系统性能。

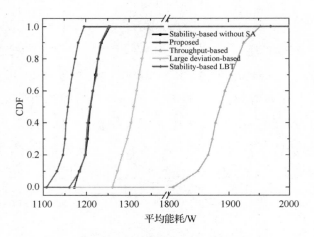

图 3-17　多用户系统中平均队列长度的 CDF

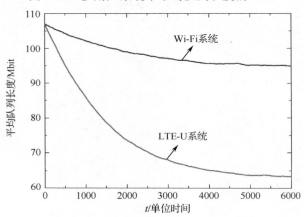

图 3-18　LTE-U 和 Wi-Fi 系统中平均队列长度收敛性分析示意图

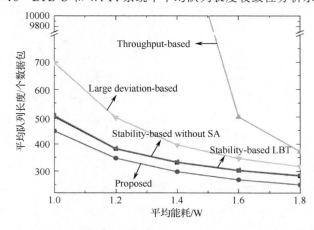

图 3-19　LTE-U 和 Wi-Fi 系统中平均队列长度和平均能耗的关系

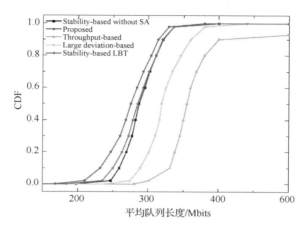

图 3-20 LTE-U 和 Wi-Fi 系统中平均队列长度的 CDF

3.6 结论

本章提出了一个异构频谱聚合的分析框架，包括专用信道和共享信道。为了使共享信道上的所有系统稳定，从稳定性的角度出发，设计了一个多系统共存的资源分配算法。对于单用户系统，本章通过一阶近似提出了修正注水功率分配，并分析了不同参数的影响。即使采用近似和估计队列信息，也证明了所提算法的队列稳定性。对于多用户系统，本章提出了一种结合图着色和二分图匹配模型的两步次优资源分配算法。通过仿真，本章讨论了交叉干扰和 V 对平均队列长度和平均能耗的影响，验证了所提算法的队列稳定性，仿真结果也表明了其优越性。

参考文献

[1] Wang W, Zhang Z, Huang A. Spectrum aggregation: Overview and challenges[J]. Netw. Protoc. Algorithms, 2010, 2(1): 184-196.

[2] Bayhan S, Gür G, Zubow A. The future is unlicensed: Coexistence in the unlicensed spectrum for 5G[J]. arXiv: 1801.04964.

[3] Chen B, Chen J, Gao Y, et al. Coexistence of LTE-LAA and Wi-Fi on 5 GHz with corresponding deployment scenarios: A survey[J]. IEEE Communications Surveys and Tutorials, 2016, 19(1): 7-32.

[4] Cavalcante A M, Almeida E, Vieira R D, et al. Performance evaluation of LTE and Wi-Fi coexistence in unlicensed bands[C]// 2013 IEEE 77th Vehicular Technology Conference, 2013: 1-6.

[5] Holland O, Aijaz A, Kaltenberger F, et al. Management architecture for aggregation of heterogeneous systems and spectrum bands[J]. IEEE Communications Magazine, 2016, 54(9): 112-118.

[6] Singh S, Yeh S, Himayat N, et al. Optimal traffic aggregation in multi-RAT heterogeneous wireless networks[C]// 2016 IEEE International Conference on Communications Workshops, 2016: 626-631.

[7] Srinivasan M, Kotagi V J, Murthy C S R. A Q-learning framework for user QoE enhanced self-organizing spectrally efficient network using a novel inter-operator proximal spectrum sharing[J]. IEEE Journal on Selected Areas in Communications, 2016, 34(11): 2887-2901.

[8] Wu Y, Guo W, Yuan H, et al. Device-to-device meets LTE-unlicensed[J]. IEEE Communications Magazine, 2016, 54(5): 154-159.

[9] Zhang Q, Wang Q, Feng Z, et al. Design and performance analysis of a fairness-based license-assisted access and resource scheduling scheme[J]. IEEE Journal on Selected Areas in Communications, 2016, 34(11): 2968-2980.

[10] Liu Y, Wang G, Xiao M, et al. Spectrum sensing and throughput analysis for cognitive two-way relay networks with multiple transmit powers[J]. IEEE Journal on Selected Areas in Communications, 2016, 34(11): 3038-3047.

[11] Khawer M R, Tang J, Han F. usICIC—A proactive small cell interference mitigation strategy for improving spectral efficiency of LTE networks in the unlicensed spectrum[J]. IEEE Transactions on Wireless Communications, 2015, 15(3): 2303-2311.

[12] Chen Q, Yu G, Ding Z. Optimizing unlicensed spectrum sharing for LTE-U and WiFi network coexistence[J]. IEEE Journal on Selected Areas in Communications, 2016, 34(10): 2562-2574.

[13] Tsiropoulos G I, Dobre O A, Ahmed M H, et al. Radio resource allocation techniques for efficient spectrum access in cognitive radio networks[J]. IEEE Communications Surveys and Tutorials, 2014, 18(1): 824-847.

[14] Diamantoulakis P D, Pappi K N, Muhaidat S, et al. Carrier aggregation for cooperative cognitive radio networks[J]. IEEE Transactions on Vehicular Technology, 2016, 66(7): 5904-5918.

[15] Wang W, Lau V K N. Delay-aware cross-layer design for device-to-device communications in future cellular systems[J]. IEEE Communications Magazine, 2014, 52(6): 133-139.

[16] Cui Y, Lau V K N, Wang R, et al. A survey on delay-aware resource control for wireless systems—Large deviation theory, stochastic Lyapunov drift, and distributed stochastic learning[J]. IEEE Transactions on Information Theory, 2012, 58(3): 1677-1701.

[17] Yeh E M. Multiaccess and fading in communication networks[D]. Cambridge: Massachusetts Institute of Technology, 2001.

[18] Bertsekas D. Dynamic programming and optimal control: Volume I[M]. Nashua, SH: Athena scientific, 2012.

[19] Neely M J. Stochastic network optimization with application to communication and queueing systems[M]. Berlin：Springer, 2022.

[20] Jiang Z, Mao S. Interoperator opportunistic spectrum sharing in LTE-unlicensed[J]. IEEE Transactions on Vehicular Technology, 2016, 66(6): 5217-5228.

[21] Wang Y, Wang W, Chen L, et al. Energy efficient scheduling for delay-constrained spectrum aggregation: A differentiated water-filling approach[J]. IEEE Transactions on Green Communications and Networking, 2017, 1(4): 395-408.

[22] Lapiccirella F E, Liu X, Ding Z. Distributed control of multiple cognitive radio overlay for primary queue stability[J]. IEEE Transactions on Wireless Communications, 2012, 12(1): 112-122.

[23] Rosenkrantz W A. Little's theorem: A stochastic integral approach[J]. Queueing Systems, 1992, 12: 319-324.

[24] Wang W, Zhang F, Lau V K N. Dynamic power control for delay-aware device-to-device communications[J]. IEEE Journal on Selected Areas in Communications, 2014, 33(1): 14-27.

[25] Peng C, Zheng H, Zhao B Y. Utilization and fairness in spectrum assignment for opportunistic spectrum access[J]. Mobile Networks and Applications, 2006, 11: 555-576.

[26] Yu W. Multiuser water-filling in the presence of crosstalk[C]// 2007 Information Theory and Applications Workshop, 2007: 414-420.

[27] Yang D, Fang X, Xue G. OPRA: Optimal relay assignment for capacity maximization in cooperative networks[C]// 2011 IEEE International Conference on Communications, 2011: 1-6.

[28] Korte B H, Vygen J, Korte B, et al. Combinatorial optimization[M]. Berlin: Springer, 2011.

[29] Movassaghi S, Abolhasan M, Smith D, et al. AIM: Adaptive Internetwork interference mitigation amongst co-existing wireless body area networks[C]// 2014 IEEE Global Communications Conference, 2014: 2460-2465.

[30] Park B S, Yook J G, Park H K. The determination of base station placement and transmit power in an inhomogeneous traffic distribution for radio network planning[C]// Proceedings IEEE 56th Vehicular Technology Conference, 2002, 4: 2051-2055.

[31] Ping S, Aijaz A, Holland O, et al. Energy and interference aware cooperative routing in cognitive radio ad-hoc networks[C]// 2014 IEEE Wireless Communications and Networking Conference, 2014: 87-92.

[32] Ping S, Aijaz A, Holland O, et al. SACRP: A spectrum aggregation-based cooperative routing protocol for cognitive radio ad-hoc networks[J]. IEEE Transactions on Communications, 2015, 63(6).

[33] Zill D G. Advanced engineering mathematics[M]. Burlington, MA: Jones & Bartlett Learning, 2020.

[34] Luo Z Q, Zhang S. Dynamic spectrum management: Complexity and duality[J]. IEEE Journal of Selected Topics in Signal Processing, 2008, 2(1): 57-73.

第 4 章
面向队列稳定性的协作多播系统
通信资源分配研究

4.1 概述

4.1.1 多播中继技术

当今，移动电视等新兴无线多媒体应用对高速率传输的要求越来越迫切，然而无线频谱资源是极为受限的。多播是一种有效利用频谱的传输模式，服务提供商通过多播能够同时向多个用户发送多媒体数据，实现无线信道上一对多传输，从而有效降低对带宽的需求[1-3]。为了进一步增加无线通信系统上的多媒体应用，并提供服务质量（Quality of Service，QoS）感知的无线视频流服务，可伸缩视频编码（Scalable Video Coding，SVC）以其强大的速率适应能力受到了业界的广泛关注。SVC 可以有效应对带宽稀缺性和网络变化，经常在多播中使用，以提高通信资源利用率并提供差异化的 QoS[4]。简而言之，SVC 将多媒体流划分为一个基础层和多个增强层，其中基础层提供最低质量的多媒体，而增强层逐渐提高质量。通过在传输期间包括不同数量的增强层，可以应对网络变化、硬件异构性或用户需求，从而实现 QoS 感知流媒体传输。

作为最近出现的一种技术，协作多播利用空间分集的优点来对抗路径损耗和信道衰落的影响，进一步提高多播容量[5-8]。在典型的双跳协作多播系统中，源节点首先向中继节点传输数据，然后在逻辑上将请求相同数据的用户分为多个多播组，并由指定的中继节点分别提供服务。尽管协作多播具有增加容量的潜力，但不恰当的中继选择方案将导致比非中继式辅助传输模型更低的速率，因此要精心设计中继选择方案，充分发挥协作中继带来的性能增益。

4.1.2　实现队列稳定性在多播中继技术中的挑战

由于协作多播的重要性，大量的工作已经考虑了协作多播系统中的中继选择问题。对于系统只有一个信道的情况，已有工作通常采用最大比合并（Maximal Ratio Combining，MRC）技术。该技术将合并来自不同发射机的信号，以增加信噪比[9]。然而，不同的发射机可以发送包括不同数目增强层的多播内容，多路 SVC 信号不能通过简单应用 MRC 技术来进行合并，即 MRC 技术通常与 SVC 技术不兼容。通过完美的同步和协调，确实有可能将 MRC 技术和 SVC 技术结合起来，然而，不精确的同步会导致性能的显著下降，同步精度的通信开销也相当大，从而使得 MRC 技术在多个中继节点和多个目标节点的场景中很难应用。

为了解决上述问题，一种有效方法是针对不同的发射机使用多个正交信道。对于这种方法而言，大多数已有的工作都假设正交信道的数量足够多，从而足以避免中继节点之间的同频干扰[10-12]。然而，在许多实际的网络中，如 IEEE 802.11[13]，可用信道的数量是相当有限的，因此使这种假设无效。在信道数量有限的情况下，中继节点的一个子集需要保持静默以避免干扰，这就给中继选择带来了新的难题。

4.1.3　多播中继技术研究现状

4.1.3.1　接收机设计

近年来，多播中继技术因其具有频谱有效性，越来越受到人们的关注。与限制每个中继节点只能分配一个目标节点的传统的协作多播模型[10]相比，多播中继更加高效和实用。为实现更高的容量，多播中继提供了额外的自由度，但同时也给方案设计过程带来了额外的困难。

对于系统只有一个信道的情况，在已有的 SVC 场景中使用 MRC 技术的大多数工作中，都在研究源节点将相同的数据广播到多个中继节点，然后部分中继节点向一个接收机同时广播数据[18-19]，并分析了算法的物理层性能，如中断概率。文献[20]分析了多接收机情况下的容量和信噪比性能，由源节点广播基本层和一个增强层，中继节点只传输基本层。还有一些文献只研究基于 MRC 技术的协作多播[22-23]，在这种情况下，中继节点将相同的数据发送到目标节点，但用户分集并没有被充分利用。

　　为了解决上述问题，一种有效方法是针对不同的发射机使用多个正交信道。对于多信道情况，在文献[11-12]中，一组用户从源节点接收相同的数据，其中文献[11]假定选择的多播中继使用正交信道传输，并且提出最优中继调度和功率分配策略以使总能耗最小化；文献[12]提出了分布式能量有效多播中继选择方案。文献[23]提出了一种最优的多播中继选择方案，在没有交叉信道干扰的情况下，在确定性中继网络中实现最大容量。文献[24]考虑无线通信系统中的视频协作多播，其中的中继使用 TDMA 来转发分组，并且采用 SVC 技术来根据信道条件向用户提供差异化的视频质量，但没有提供任何算法的最优性。大多数现有的文献都假设系统中有足够的正交信道可用于协作多播，不会在中继节点之间产生干扰。但在许多实际的网络中，可用信道的数量是相当有限的，因此这样的假设无效。很少有文献讨论考虑信道数目受限的多播中继选择方案。

4.1.3.2　公平性

　　资源分配最常用的优化目标之一是最大化系统的总吞吐量。这个优化目标的弱点在于用户由于链路质量差而获得较少的资源，从而系统有可能变得极为不稳定。为了实现公平性以及稳定性，我们需要为信道最差的用户分配更多的资源，即最大化最小速率优化。最大化最小速率优化的主要问题是最优资源分配不一定是帕雷托最优的。换句话说，从最大化最小速率资源分配开始，有可能增加某些用户的效用，而不会降低其他用户的效用，这显然不是一个有效资源分配算法的理想属性。字典序最大化最小速率优化是对标准最大化最小速率优化的改进，这种排序既考虑到公平性又考虑到效率，但很少在已有关于协作多播网络中的文献中涉及。文献[14]在认知无线电协作传输网络中采用字典序优化来为次要用户提供可靠的通信。文献[15]允许中继在执行协作传输的同时传输它们自己的数据帧，并提出了字典序最优分配方案。为了获得 OFDMA 系统中的字典序最优解，文献[16]在不考虑信道分配和中继选择耦合的情况下，研究了子载波-中继分配和功率分配的联合优化，这使得信道分配和中继选择能够分别进行优化。与文献[16]不同，本章限制了系统的信道数量，并且联合优化中继选择和信道分配，以得到字典序最优解。

4.1.4　贡献

受上述分析的启发，本章研究了信道数量受限的协作多播中继选择问题，其目标是实现字典序最大化最小速率的最佳通信资源分配方案。对于多目标优化问题，字典序优化是一个得到广泛应用的公平优化准则[14-16]。从理论上讲，字典序最优的向量在任何给定的凸集（Convex Set）和紧集（Compact Set）上都是唯一最优的，并且这样的解决方案总是帕雷托最优的[18]。

在本章中，主要的技术挑战来自受限的信道数目，这造成中继之间复杂的相互依赖，从而使得中继选择问题成为一个极为复杂的联合优化问题。为了解决这个挑战，将中继选择问题分解为两步进行。

（1）考虑最大化最小速率问题。通过对中继选择和信道分配去耦合，将问题转化为 max-min-max 问题。为了使转化后的问题易于处理，通过松弛和平滑将该问题表示为一个凸优化问题，并从几何角度建立渐近等价分析结构。

（2）基于第一步的解决方案，进一步设计一个调整步骤，从而得到一个字典序最优解决方案。

4.2 协作多播系统模型

考虑一个无线协作多播网络，它由一个源节点 $S = \{s\}$、M 个中继节点 $R = \{r_1, r_2, \cdots, r_M\}$ 和 N 个目标节点 $D = \{d_1, d_2, \cdots, d_N\}$ 构成。中继节点采用 SVC 技术进行多播，以提高通信资源的利用率，并根据中继节点对应的多播组最差的信道条件提供差异化的 QoS。时间是由多个时隙构成的，为不失一般性，将每个时隙的持续时间假定为 1 个单位时间。由于源节点和目标节点之间距离非常远或者某些屏障造成屏蔽效应，目标节点不在源节点的通信范围内，即目标节点接收到的信号需要由中继节点辅助转发。本章采用两步协作中继多播传输模式，用于提高用户的性能[21-22,26]，需要两个时隙来完成协作中继多播。在第一个时隙中，如图 4-1 所示的实线链路，源节点 s 根据最差的源-中继信道条件 γ 向中继节点广播数据。为了关注中继选择问题，假设 γ 足够大，可以至少支持基本层的传输[27]。在第二个时隙中，中继节点将接收到的数据同时多播到目标节点，其中速率根据其对应的多播组最差的信道条件确定，即如虚线链路所示。如文献 [7] 中一样，本章假设网络中有 K 个正交信道（如使用 OFDMA），记为 $C = \{c_1, c_2, \cdots, c_K\}$，信道服从平衰落并且在时隙内保持不变[28-29]。

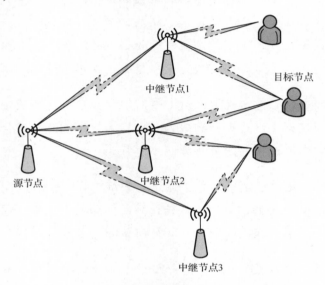

图 4-1　协作多播网络示意图

令 $G = (V, E)$ 表示中继节点的冲突图，其中每个中继节点 $r_i \in R$ 是冲突图中的顶点 V，则 $(r_i, r_j) \in E$ 意味着 r_i 和 r_j 不能同时在相同的信道上传输信号（数据），因为它们的传输相互干扰。如果存在目标节点可以接收来自中继节点 r_i 和 r_j 的信号，则 $(r_i, r_j) \in E$。以图 4-1 为例，我们得到中继节点 r_1 和 r_2 相互冲突、r_2 和 r_3 相互冲突，而 r_1 和 r_3 不冲突。

源节点和中继节点都以单位功率发送信号。对于目标节点 d_j，来自中继节点 r_i 的信号可写为

$$y_{ij} = \sqrt{D_{ij}^{-\alpha}} \, h_{ij} x + n_{ij} \tag{4-1}$$

式中，h_{ij} 是目标节点 d_j 和中继节点 r_i 之间的衰落系数；α 是取决于传播环境的

路径损耗指数；D_{ij} 表示目标节点 d_j 和中继节点 r_i 之间的物理距离；n_{ij} 表示加性高斯白噪声，其功率是 N_0。因此，当中继节点 r_i 转发信号时，目标节点 d_j 接收到信号时的信噪比是

$$\gamma_{ij} = \frac{\left| h_{ij} \right|^2 D_{ij}^{-\alpha}}{N_0} \tag{4-2}$$

当 γ_{ij} 大于某个门限时，信号可以被成功接收和解码。因此，根据信道容量来选择增强层的数目，即基本层和增强层的总大小不应该大于信道容量，而增强层的数量应当尽可能大，可以提供尽可能好的 QoS。

在协作多播系统中，为了与 SVC 技术兼容，本章采用解码转发传输模式。中继节点 r_i 对从源节点 s 接收到的信号进行解码，然后将解码后的信号发送到目标节点 d_j。在中继节点 r_i 的帮助下，源节点 s 到目标节点 d_j 的容量是

$$C_{ij} = \frac{W}{2} \min\{\log_2(1+\gamma), \log_2(1+\gamma_{ij})\} \tag{4-3}$$

当来自多个中继节点的信号到达同一个目标节点时，可采用选择合并的方法接收信号，因为这些不同的信号是通过不同的信道传输的，可以避免干扰。目标节点只接收增强层个数最多的中继节点传输的信号，以达到最佳的 QoS。文献[30]假设目标节点可以准确知道自己和中继节点之间的信道状态信息，信道状态信息可以从中继节点的报告中得知。具体而言，中继节点通过控制消息上报接收信号强度信息，目标节点在选择中继节点之前根据这些控制消息得到相应的信道状态信息。

本章将中继选择方案表示为 $\mu : D \to R$，其中 $\mu(d_j) = r_i$ 表示 d_j 选择中继节点 r_i 进行协作多播。注意，一个中继节点可以通过多播来向多个目标节点传输信号。也就是说，对于不同的 d_i 和 d_j，$\mu(d_i) = \mu(d_j)$ 是可能的，这与文献[7,10]中的模型不一样。文献[7,10]中的一个中继节点只可以向一个目标节点传输信号。中继节点的信道分配矩阵记为 $\tau = \{\tau_{ik}\}_{M \times K}$，其中 $\tau_{ik} = 1$ 表示中继节点 r_i 被激活，并且使用信道 c_k 传输信号。

考虑到无线通信系统的多播特性，中继节点 r_i 将信号多播到 $D_i = \{d_j \mid \mu(d_j) = r_i, \forall d_j \in D\}$，如果以最大速率

$$R_i = \sum_{c_k \in C} \tau_{ik} \min_{d_j \in D_i} C_{ij} \tag{4-4}$$

传输信号，则在 D_i 中的所有目标节点都可以成功接收到解码后的信号。

为了提供一个唯一的，并且其性能比所有可能的最大化最小速率解决方案更好的基于公平和稳定的解决方案[17]，本章设计了一个字典序最大化最小速率的中继选择方案，其中得到的字典序最优速率向量在字典序的意义上不比其他算法得出的速率向量差。定义字典序最优如下：

定义 1（字典序最优）：

令 $\boldsymbol{R} = (v_1, v_2, \cdots, v_N)$ 表示可以达到的速率向量，并且按照降序排序，其中 v_i 表示第 i 小的速率。两个速率向量 $\boldsymbol{R}$ 和 $\boldsymbol{R}'$ 满足如下关系

（1）如果 $v_i = v_i', \forall i = 1, 2, \cdots, N$，那么 $\boldsymbol{R}$ 字典序等于 $\boldsymbol{R}'$。

（2）如果存在一个 $\boldsymbol{R}$ 的前缀 $(v_1, v_2, \cdots, v_i)$ 以及 $\boldsymbol{R}'$ 的前缀 $(v_1', v_2', \cdots, v_i')$，满足 $v_i > v_i'$，并且 $v_j > v_j', \forall j < i$，那么 $\boldsymbol{R}$ 字典序优于 $\boldsymbol{R}'$。

如果一个速率向量 $\boldsymbol{R}$ 不比其他速率向量字典序更差，则该速率向量 $\boldsymbol{R}$ 是字典序最优的。

寻找字典序最优解决方案的做法是按顺序识别所有的最大化最小速率解决方案，并按弱递减顺序排列速率向量，以确定字典序最优解。具体来说，字典序优化依次考虑最大化第二小的速率，最大化第三小的速率，等等，以达到结构上的最大化。

通过确定哪些中继节点应当被激活，以及这些中继节点将信号转发到哪些目标节点，可以字典序优化目标节点的接收速率。根据定义 1 给出的字典序最优的定义，可以建立如下的字典序最优问题。

$$\underset{\tau, \mu}{\text{lex max}} \ \boldsymbol{R} \tag{4-5}$$

$$\text{s.t.} \sum_{c_k \in C} \tau_{ik} \leq 1 \tag{4-6}$$

$$\tau_{ik} + \tau_{lk} \leq 1, \forall (r_i, r_l) \in E \tag{4-7}$$

$$\tau_{ik} \in (0,1) \tag{4-8}$$

式中，lex max 表示字典序最优。式（4-6）表示中继节点最多可以使用一个信道，这是由于在实际中，通常设备只部署一个无线电接口。式（4-7）表示如果两个中继节点 r_i 和 r_l 相互干扰，则它们必须使用不同的信道来避免交叉信道干扰。以上优化问题通过确定中继选择方案 μ 和信道分配矩阵 τ 来寻找字典序最优的速率向量。

4.3 字典序最优的协作多播中继算法

本节提出了一种针对有限信道数量的协作多播字典序最优的多播中继选择方案。正如之前所讨论的，主要的技术挑战是由于中继选择和信道分配之间的复杂耦合而引起的。在字典序优化问题中解耦中继选择和信道分配是很困难的。为了克服这个挑战，首先要考虑最大化最小速率的问题，因为在这个问题中我们可以解耦中继选择和信道分配。从技术上讲，可分两步来解决这个问题：

（1）解决最大化最小速率的问题，以获得初始中继选择方案。

（2）基于（1）的结果，进一步调整中继选择来优化其他节点的速率，以实现字典序最优。

4.3.1　解耦算法

为了设计字典序最优方案，首先考虑最大化最小速率。最大化目标节点之间的最小速率相当于最大化中继节点之间的最小组播速率。建立最大化最小速率问题如下

$$\max_{\tau,\mu} \min_i R_i \tag{4-9}$$

$$\text{s.t.} \sum_{c_k \in C} \tau_{ik} \le 1 \tag{4-10}$$

$$\tau_{ik} + \tau_{lk} \le 1, \forall (r_i, r_l) \in E \tag{4-11}$$

$$\tau_{ik} \in (0,1) \qquad (4\text{-}12)$$

最大化最小速率问题涉及中继选择方案 μ 和信道分配矩阵 τ，它们由于信道数量有限而相互耦合。为了解耦这两个变量，本节利用最大化最小速率问题的性质，提出了一个独立于信道分配的中继选择方案。

引理 1（基于系统容量的中继选择方案）：

如果每个目标节点 d_j 都加入具有最大信道容量 C_{ij} 的中继节点 r_i 的多播组，协作多播系统的最大化最小速率优化方案，可以仅依靠调整信道分配来达到，即

$$\max_{\tau,\mu} \min_i R_i = \max_{\tau} \min_i R_i(\hat{\mu}) \qquad (4\text{-}13)$$

式中

$$\hat{\mu}(d_j) = \arg\max_{r_i \in \boldsymbol{R}} C_{ij} \qquad (4\text{-}14)$$

证明：

在协作多播系统中，目标节点 d_k 的最差链路是

$$d_k = \arg\min_{d_j \in D} \max_{r_i \in R} C_{ij} \qquad (4\text{-}15)$$

为了最大化最小速率，我们可以最大化目标节点 d_k 的接收速率。在引理 1 给出的中继选择方案中，尽管并非所有的目标节点都按照与信道链路容量一样多的速率接收信号，但是目标节点 d_k 确实以 $\max_{r_i \in R}(C_{ij})$ 的速率接收信号，这在所有可能的选择中是最大的。证毕。

值得注意的是，由于不考虑其他目标节点的速率，因此引理 1 给出的中继选择方案 $\hat{\mu}$ 不能达到字典序最优。4.3.2 节将提出一个基于 $\hat{\mu}$ 实现词典序最优的中继选择方案 μ^*。

为了解耦信道分配和中继选择，下面采用引理 1 给出的中继选择方案 $\hat{\mu}$，并将转换方程中的 max-min 问题转换成 max-min-max 问题，这里的变量只有信道分配矩阵。

$$\max_{\boldsymbol{\tau}} \Phi(\boldsymbol{\tau}) = \max_{j} \min_{i} \sum_{c_k \in C} \tau_{ij} C_{ij} \qquad (4\text{-}16)$$

$$\text{s.t.} \sum_{c_k \in C} \tau_{ik} \leqslant 1 \qquad (4\text{-}17)$$

$$\tau_{ik} + \tau_{ik} \leqslant 1, \forall (r_i, r_l) \in E \qquad (4\text{-}18)$$

$$\tau_{ik} \in \{0,1\} \qquad (4\text{-}19)$$

4.3.2　重构信道分配问题

由于 max-min-max 问题的非平滑结构，max-min-max 问题无论在理论分析中还是在数值计算中都很难解决[31]。如果直接通过数值计算来解决 max-min-max 问题，则解法非常接近遍历的方法，因此这样的解法面临着"维数灾难"，即复杂度随着问题的大小呈指数增长，不适用于实际的系统[32]。为了解决这个问题，通过松弛和平滑技术将 max-min-max 问题转化为一个凸问题，可进一步证明松弛和平滑是紧的。

max-min-max 问题是一个组合优化问题，并且它是不可微的，这是由于式（4-19）是 0-1 整数约束，所以传统的优化技术不能有效解决 max-min-max 问题。为了得到最优解，采用松弛技术把 0-1 整数约束转化为框约束，即

$$\tau_{ik} \in [0,1] \qquad (4\text{-}20)$$

那么优化方程的目标函数就是关于 $\boldsymbol{\tau}$ 的连续函数了。

应用上述松弛技术，虽然可以把 max-min-max 问题变成连续的，但仍然是不可微的。进一步采用平滑技术来逼近原始的 max-min-max 问题，通过平滑变换后得到的近似问题是关于 $\boldsymbol{\tau}$ 可微的。

采用文献[33]中的平滑技术，优化目标中 max-min-max 问题可以近似为

$$\Phi_{\epsilon}(\tau) = \frac{1}{\epsilon} \ln \left(\sum_{i=1}^{M} \frac{1}{\sum_{j=1}^{N} e^{\epsilon \sum_{k=1}^{K} \tau_{ik} C_{ij}}} \right) + \frac{M}{\epsilon} \qquad (4\text{-}21)$$

式中，ϵ 是近似参数。对于给定的 ϵ，式（4-21）可以转化为

$$\ln\left(\sum_{i=1}^{M}\frac{1}{\sum_{j=1}^{N}e^{\epsilon\sum_{k=1}^{K}\tau_{ik}C_{ij}}}\right) \tag{4-22}$$

对式（4-22）进行指数运算，根据指数函数[35]的单调性，最优性依然存在，因此原优化问题可以转化为

$$\min_{\tau}\sum_{i=1}^{M}\frac{1}{\sum_{j=1}^{N}e^{\epsilon\sum_{k=1}^{K}\tau_{ik}C_{ij}}} \tag{4-23}$$

$$\text{s.t.}\sum_{c_k\in C}\tau_{ik}\leqslant 1 \tag{4-24}$$

$$\tau_{ik}+\tau_{lk}\leqslant 1,\forall(r_i,r_l)\in E \tag{4-25}$$

$$\tau_{ik}\in[0,1] \tag{4-26}$$

定理 1 证明了平滑后的问题是凸优化问题。

定理 1（平滑后的问题是凸优化问题）：

平滑后的目标函数是凸的，因此平滑后的问题属于凸问题的范畴。

证明：

记 $f(\tau)=\sum_{i=1}^{M}\dfrac{1}{\sum_{j=1}^{N}e^{\epsilon\sum_{k=1}^{K}\tau_{ik}C_{ij}}}$。为了分析 $f(\tau)$ 的凸性，先对 τ_{ln} 求一阶偏导，可得

$$\frac{\partial f(\tau)}{\partial\tau_{ln}}=-\frac{1}{\sum_{j=1}^{N}e^{\epsilon\sum_{k=1}^{K}\tau_{ik}C_{ij}}}\sum_{j=1}^{N}\epsilon C_{ij}<0 \tag{4-27}$$

式（4-27）是关于 τ 的单调递减函数。

考虑二阶偏导，即

$$
\begin{cases}
\dfrac{\partial^2 f(\boldsymbol{\tau})}{\partial^2 \tau_{ln}} = \left(\dfrac{\displaystyle\sum_{j=1}^{N} \epsilon C_{ij}}{\displaystyle\sum_{j=1}^{N} \mathrm{e}^{\epsilon \sum\limits_{k=1}^{K} \tau_{ik} C_{ij}}} \right)^2 > 0 \\[6mm]
\dfrac{\partial^2 f(\boldsymbol{\tau})}{\partial \tau_{ln} \partial \tau_{mp}} = \dfrac{\partial^2 f(\boldsymbol{\tau})}{\partial \tau_{ln} \partial \tau_{mn}} = 0 \\[6mm]
\dfrac{\partial^2 f(\boldsymbol{\tau})}{\partial \tau_{ln} \partial \tau_{lp}} = \left(\dfrac{\displaystyle\sum_{j=1}^{N} \epsilon C_{ij}}{\displaystyle\sum_{j=1}^{N} \mathrm{e}^{\epsilon \sum\limits_{k=1}^{K} \tau_{ik} C_{ij}}} \right)^2 = \dfrac{\partial^2 f(\boldsymbol{\tau})}{\partial^2 \tau_{ln}}
\end{cases}
\tag{4-28}
$$

所以，得到 $f(\boldsymbol{\tau})$ 的海森矩阵为

$$
\begin{pmatrix}
\boldsymbol{A}_1 & \cdots & 0 \\
\vdots & \ddots & \vdots \\
0 & \cdots & \boldsymbol{A}_M
\end{pmatrix}
\tag{4-29}
$$

式中

$$
\boldsymbol{A}_l = \begin{pmatrix}
a_l & \cdots & a_l \\
\vdots & \ddots & \vdots \\
a_l & \cdots & a_l
\end{pmatrix}
\tag{4-30}
$$

其中，$a_l = \left(\dfrac{\displaystyle\sum_{j=1}^{N} \epsilon C_{ij}}{\displaystyle\sum_{j=1}^{N} \mathrm{e}^{\epsilon \sum\limits_{k=1}^{K} \tau_{ik} C_{ij}}} \right)^2$。注意，$f(\boldsymbol{\tau})$ 的海森矩阵是一个对称矩阵，每一个子矩

阵都是一个对称矩阵。根据文献[36]得到

$$
\boldsymbol{E} = (N, 0, \cdots, 0)
\tag{4-31}
$$

式中，$\boldsymbol{E}$ 表示子矩阵的特征向量。

　　因此，$f(\boldsymbol{\tau})$ 的海森矩阵的特征值都是非负的。根据文献[35-36]，如果海森矩阵是半正定的，那么 $f(\boldsymbol{\tau})$ 关于 $\boldsymbol{\tau}$ 是凸的。由于优化问题的约束都是线性的，

因此该优化问题是凸问题。证毕。

4.3.3　从几何角度分析问题

为了获得关于上述凸问题的一些重要信息，本节从几何的角度考虑上述问题，即研究二维空间中一条线与多个点的位置关系。该方法可以显著降低复杂度。更重要的是，我们可以采用几何分析来证明松弛和平滑是紧的。

首先考虑平滑后的优化问题的最优条件。根据拉格朗日对偶[35]，平滑后的优化问题可以转化成

$$\min_{\boldsymbol{\tau}} P = \sum_{i=1}^{M} \frac{1}{\sum_{j=1}^{N} e^{\epsilon \sum_{k=1}^{K} \tau_{ik} C_{ij}}} + \sum_{i=1}^{M} \lambda_i \left(\sum_{k=1}^{K} \tau_{ik} - 1 \right) +$$

$$\sum_{k=1}^{K} \sum_{i=1}^{M} \sum_{j,(r_i,r_j) \in E} \beta_{ijk} (\tau_{ik} + \tau_{jk} - 1) \qquad (4\text{-}32)$$

$$\text{s.t.} \lambda_i \left(\sum_{k=1}^{K} \tau_{ik} - 1 \right) = 0 \qquad (4\text{-}33)$$

$$\beta_{ijk} (\tau_{ik} + \tau_{jk} - 1) = 0 \qquad (4\text{-}34)$$

式中，λ_i 是第一个约束的拉格朗日乘子；β_{ijk} 是第二个约束的拉格朗日乘子。

问题 P 关于 $\boldsymbol{\tau}$ 的偏导是

$$\frac{\partial P}{\partial \tau_{in}} = -\frac{1}{\sum_{j=1}^{N} e^{\epsilon \sum_{k=1}^{K} \tau_{ik} C_{ij}}} \sum_{j=1}^{N} \epsilon C_{ij} + \lambda_i + \sum_{j,(r_i,r_j) \in E} \beta_{ijn} \qquad (4\text{-}35)$$

根据最优 $\boldsymbol{\tau}^*$ 的不同情况，最优的准则服从

$$\begin{cases} \left. \frac{\partial P}{\partial \tau_{in}} \right|_{\tau_{in}=1} \leqslant 0 \rightarrow \tau_{in}^* = 1 \\ \left. \frac{\partial P}{\partial \tau_{in}} \right|_{\tau_{in}=\tau_{in}^*} = 0 \rightarrow 0 < \tau_{in}^* < 1 \\ \left. \frac{\partial P}{\partial \tau_{in}} \right|_{\tau_{in}=0} \geqslant 0 \rightarrow \tau_{in}^* = 0 \end{cases} \qquad (4\text{-}36)$$

如果 $\tau_{in} > 0$，则中继节点 r_i 使用信道 c_n 传输信号。如果 $0 < \tau_{in}^* < 1$，则最优解满足 $\frac{\partial P}{\partial \tau_{in}}\big|_{\tau_{in}=\tau_{in}^*} = 0$。当 $\tau_{in}^* = 1$ 时，由于拉格朗日乘子 λ_i 可以任意调整，通过调整 λ_i 可以令 $\frac{\partial P}{\partial \tau_{in}} = 0$，因此最优的解对于 $\tau_{in} > 0$，满足 $\frac{\partial P}{\partial \tau_{in}}\big|_{\tau_{in}=\tau_{in}^*} = 0$。分析式（4-36）和 0 的关系，首先对拉格朗日对偶问题两边同乘 $\sum_{j=1}^{N} e^{\epsilon \sum_{k=1}^{K} \tau_{ik} C_{ij}}$，可得

$$-\sum_{j=1}^{N} \epsilon C_{ij} + \left(\lambda_i + \sum_{j,(r_i,r_j)\in E} \beta_{ijn} \right) \sum_{j=1}^{N} e^{\epsilon \sum_{k=1}^{K} \tau_{ik} C_{ij}} \qquad (4\text{-}37)$$

由于 $\sum_{j=1}^{N} e^{\epsilon \sum_{k=1}^{K} \tau_{ik} C_{ij}} > 0$，所以同乘这一项并不会改变式（4-36）和 0 的关系。

为了分析拉格朗日对偶问题，把该问题的最优条件重写为二维空间中的一条直线[37]，即

$$y_{in} = A_i x_{in} \qquad (4\text{-}38)$$

式中

$$x_{in} = \lambda_i + \sum_{j,(r_i,r_j)\in E} \beta_{ijn} \qquad (4\text{-}39)$$

$$A_i = \sum_{j=1}^{N} e^{\epsilon \sum_{k=1}^{K} \tau_{ik} C_{ij}} \qquad (4\text{-}40)$$

$$y_{in} = \sum_{j=1}^{N} \epsilon C_{ij} \qquad (4\text{-}41)$$

从几何的角度分析，每个中继节点 r_i 使用信道 c_n 可以在二维空间中用 $S_{in} = (x_{in}, y_{in})$ 表示。定义 S_i 是中继节点 r_i 的所有点，即 $S_i = \{S_{in}, \forall n\}$。对于给定的 λ 和 β，中继节点 r_i 对应的点 (x_{in}, y_{in}) 是确定的，所以拉格朗日对偶问题变成了优化斜率 A_i。在这样的背景下，拉格朗日对偶问题转换成了很多点 $S_{in} \in S_i$ 和直线 $Y_i = A_i X_i$ 的关系。对应的几何问题是通过调整斜率 A_i，找到一条直线 $Y_i = A_i X_i$，使得有一些点 $S_{in} \in S_i$ 在直线上面，而其他点在直线下方。

如果一个中继节点 r_i 使用信道 c_n 传输信号，即直线 $Y_i = A_i X_i$ 经过 $S_{in} = (x_{in}, y_{in})$，而其他点 $S_{ik} = (x_{ik}, y_{ik})$ 在直线的下方 $(k \neq n)$，最优的条件变成了

$$y_{in} = A_i x_{in} \qquad (4\text{-}42)$$

$$y_{ik} < A_i x_{ik}, \forall k \neq n \qquad (4\text{-}43)$$

通过这种方式，得到了凸优化问题的最优条件。除了得出最优条件，几何分析还可以得到原 max-min-max 问题和转换后的优化问题的关系。从几何的角度来看，定理 2 证明了松弛和平滑不会影响优化结果。

定理 2（渐近相等）：

如果平滑参数 ϵ 足够大，那么通过求解平滑后的问题而得到的最优信道分配矩阵 $\boldsymbol{\tau}^*_{\text{approx}}$ 是解决原 max-min-max 问题的渐近最优方案，即近似误差服从

$$\Phi(\boldsymbol{\tau}^*) - \Phi(\boldsymbol{\tau}^*_{\text{approx})} = o\left(\frac{1}{\epsilon}\right) \qquad (4\text{-}44)$$

式中，$\boldsymbol{\tau}^*$ 表示通过求解原 max-min-max 问题得到的信道分配矩阵。

证明：

为了达到最优，每个中继节点至多能够使用一个信道传输信号，所以松弛技术是紧的。

采用反证法，假设一个中继节点 r_i 使用了两个信道 c_m、c_n 传输信号，即 $\tau_{in} > 0$ 并且 $\tau_{im} > 0$，因此得到 $1 \geqslant \tau_{in} \geqslant 0$、$1 \geqslant \tau_{im} \geqslant 0$。为了最优性，应该满足下面的方程

$$y_{in} - A_i x_{in} = 0 \qquad (4\text{-}45)$$

$$y_{im} - A_i x_{im} = 0 \qquad (4\text{-}46)$$

根据二维空间中的直线方程可得到

$$A_i = \frac{y_{in}}{x_{in}} = \frac{y_{im}}{x_{im}} \qquad (4\text{-}47)$$

因此可得到

$$y_{in} = y_{im} \tag{4-48}$$

根据以上两式，可得到

$$x_{in} = x_{im} \tag{4-49}$$

上述的二维空间中直线方程的截距为零，即直线必须穿过原点。为了有效地将信道分配给中继节点，假定中继节点总是希望使用具有较小索引的信道[38]，因此拉格朗日乘子针对不同信道取不同的值。信道 c_m 和 c_n 是不同的，并且二维空间中的一条线以概率 0 穿过 3 个点，这是矛盾的，由此可知对 $\boldsymbol{\tau}$ 的松弛是紧的。

根据文献[33]，近似误差服从

$$\frac{2\ln K}{\epsilon} \leqslant \varPhi_{\epsilon}(\boldsymbol{\tau}) - \varPhi(\boldsymbol{\tau}) \leqslant \frac{\ln MK}{\epsilon} \tag{4-50}$$

如果近似参数 ϵ 足够大，那么近似函数值会趋向于静态的点，并且近似误差服从 $\varPhi_{\epsilon}(\boldsymbol{\tau}) - \varPhi(\boldsymbol{\tau}) = 0(1/\epsilon)$，所以平滑是紧的。之后，分析近似误差。根据式（4-50），有

$$\frac{2\ln K}{\epsilon} \leqslant \varPhi_{\epsilon}(\boldsymbol{\tau}^*_{\text{approx}}) - \varPhi(\boldsymbol{\tau}^*_{\text{approx}}) \leqslant \frac{\ln MK}{\epsilon} \tag{4-51}$$

$$\frac{2\ln K}{\epsilon} \leqslant \varPhi_{\epsilon}(\boldsymbol{\tau}^*) - \varPhi(\boldsymbol{\tau}^*) \leqslant \frac{\ln MK}{\epsilon} \tag{4-52}$$

令式（4-51）减去式（4-52），可得

$$\begin{aligned} \frac{\ln K - \ln M}{\epsilon} &\leqslant \varPhi(\boldsymbol{\tau}^*_{\text{approx}}) - \varPhi_{\epsilon}(\boldsymbol{\tau}^*) + \varPhi(\boldsymbol{\tau}^*) \\ -\varPhi_{\epsilon}(\boldsymbol{\tau}^*_{\text{approx}}) &\leqslant \frac{\ln M - \ln K}{\epsilon} \end{aligned} \tag{4-53}$$

观察到 $\varPhi_{\epsilon}(\boldsymbol{\tau}^*_{\text{approx}}) - \varPhi_{\epsilon}(\boldsymbol{\tau}^*) \leqslant 0$，以及 $\varPhi(\boldsymbol{\tau}^*) - \varPhi(\boldsymbol{\tau}^*_{\text{approx}}) \geqslant 0$，得到

$$\varPhi(\boldsymbol{\tau}^*) - \varPhi(\boldsymbol{\tau}^*_{\text{approx}}) \leqslant \frac{\ln M - \ln K}{\epsilon} = o\left(\frac{1}{\epsilon}\right) \tag{4-54}$$

由于对 τ 的松弛，以及对目标函数的平滑都是紧的，所以通过求解平滑后的优化问题得到的最优信道分配矩阵 $\tau_{\mathrm{approx}}^{*}$ 是解决原 max-min-max 问题的渐近最优方案，即近似误差是 $o\left(\dfrac{1}{\epsilon}\right)$。证毕。

4.3.4 算法设计

解决二维空间中直线方程的问题相当于为每个中继节点 r_i 找一个恰当的斜率，使得直线 $Y_i = A_i X_i$ 经过 $S_{in} = (x_{in}, y_{in})$，而其他点 $S_{ik} = (x_{ik}, y_{ik})$ 在直线的下方 $(k \neq n)$，这是因为信道分配矩阵 τ 只会影响斜率，而不会影响点的位置，所以可以得到如下准则

$$\tau_{ik} = 1, \exists A_i = \frac{y_{ik}}{x_{ik}} \tag{4-55}$$

$$\tau_{ik} = 0, \forall A_i > \frac{y_{ik}}{x_{ik}} \tag{4-56}$$

式中，$k = \underset{j}{\arg\min}\, x_{ij}$。为了得到直线 $Y_i = A_i X_i$ 的斜率，只需要比较 A_i 和以最左端的点 (x_{ik}, y_{ik}) 与原点构成的直线的斜率。A_i 的可行域通过从 0 到 1 变换 τ_{ik} 决定。如图 4-2 所示，存在一个斜率 A_i 使得直线穿过最左端的点 (x_{i1}, y_{i1})，所以中继节点 r_i 使用信道 1 传输信号。然而，不存在一个斜率 A_j 使得直线穿过最左端的点 (x_{i1}, y_{i1})，所以中继节点 r_j 保持静默。

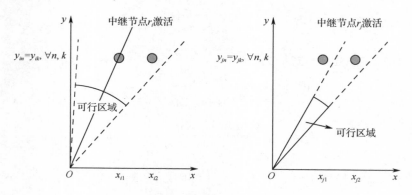

图 4-2　基于几何关系的算法示意图

针对字典序最优，本节基于引理 1 中的初始中继选择方案 $\hat{\mu}$ 和信道分配矩

阵 τ，提出了一种新的中继选择方案 μ^*。即使 $\hat{\mu}$ 实现了系统的最大化最小速率，但它并不是字典序最优的。由于实际接收到的速率是考虑所有同一多播组内目标节点的速率，所以目标节点实际上有可能从另一个中继节点以更高的速率接收信号。

本节通过字典序最优的中继选择方案 μ^* 来进一步提高性能，首先将目标节点分为两类，其中一类包括每个多播组信道质量最差的节点，另一类包括其他目标节点。将所有多播组中信道质量最差的节点集合表示为 J

$$J = \{d(r_i)|d(r_i) = \arg\min_{d_j \in D_i}\{C_{ij}\}, \forall r_i \in R\} \tag{4-57}$$

其中，$D_i = \{d_j \,|\, \hat{\mu}(d_j) = r_i, \forall d_j \in D\}$，$d(r_i)$ 表示在中继节点 r_i 的多播组里信道质量最差的目标节点。

对于目标节点 $d_j \in J$，有

$$\mu^*(d_j) = \hat{\mu}(d_j) = \arg\min_{r_i \in R}(C_{ij}) \tag{4-58}$$

对于目标节点 $d_j \in D/J$，有

$$\mu^*(d_j) = \arg\min_{r_i \in R}\{\min C_{ij}, R_i\} \tag{4-59}$$

式中，R_i 表示中继节点 r_i 在中继选择方案 $\hat{\mu}$ 和信道分配 τ 下的速率。J 中的目标节点的多播组信道条件最差，因此限制了每个中继节点的速率，它们的速率 μ^* 和 $\hat{\mu}$ 中是相同的，每个其他目标节点选择可能提供最大速率的中继节点。

定理 3（字典序最优）：

本节提出的中继选择方案 μ^* 是字典序最优的。

证明：

采用反证法。假定存在一种中继选择方案 μ' 在位置 k 的字典序优于 μ^*，即 $v'_k > \mu^*_k$，$v'_k = \mu^*_k, \forall i < k$。

为了证明这个定理，分别考虑每个多播组里信道状况最差的目标节点的选择方式是否相同，即是否满足 $\mu'(d_j) = \mu^*(d_j), \forall d_j \in J$。

（1）起码有一个多播组里信道状况最差的目标节点的选择方式不一样。

首先，考虑只有一个多播组里信道状况最差的目标节点的选择方式在 μ' 和 μ^* 中不一样。假设目标节点 $d_j \in J$ 在 μ^* 下选择加入 r_l 多播组，在 μ' 中选择加入 r_n 多播组。这个节点在 μ^* 中的速率是 $a_j^* = R_l^*$，在 μ' 中的速率是 $a_j' = R_n'$。这里由于 μ^* 的优性，应该满足 $a_j^* > a_j'$。

由于 r_l 多播组里信道状况最差的目标节点被移除，所以 r_l 在 μ' 下的速率不小于在 μ^* 中的速率，即 $R_n' \geqslant R_l^*$。对于其他目标节点 $d_q \in D$，在 μ' 中的速率和在 μ^* 中的速率满足如下关系

$$a_q' \geqslant a_q^*, \text{if} \ \ R_l^* \leqslant a_q^* < R_l' \tag{4-60}$$

$$a_q' \leqslant a_q^*, \text{if} \ \ a_q^* = R_n^* \tag{4-61}$$

$$a_q' = a_q^*, \text{if} \ \ a_q^* < R_n^* \ 或 \ R_n^* < a_q^* < R_l^* \ 或 \ a_q^* \geqslant R_l' \tag{4-62}$$

对式（4-60）来说，在 μ^* 中 r_l 多播组里的目标节点（$a_q^* = R_l^*$）会在 μ' 中以更大的速率接收信号。在 μ^* 中满足 $R_l^* < a_q^* < R_l'$ 的目标节点有可能在 μ' 中重新选择 r_l 作为自己的中继节点，从而获得更大的速率。在这种情况下，这些目标节点在按照非降序的速率向量中的位置号码会变大。

对于式（4-61），在 μ^* 中 r_n 多播组里的目标节点（$a_q^* = R_n^*$）在 μ' 中的速率更小。注意到有一些在 μ^* 中 r_n 多播组里的目标节点有可能在 μ' 下重新选择中继节点，但是它们在 μ' 中的速率都会减小。在这种情况下，这些目标节点在按照非降序的速率向量中的位置号码会变小。除了这两个情况，其他目标节点的速率不变。

根据字典序最优的定义，只关注引起两个速率向量不同的第一个位置，即最小速率。这个差异是由于 $\mu'(d_j)$ 和 $\mu^*(d_j)$ 的不同所引起的。接下来，从 $r_n = \mu'(d_j)$ 的角度讨论 μ' 和 μ^* 差别。

① 在 μ' 中 r_n 多播组里的目标节点的位置号码没有变化，这可能是因为尽管有 d_j 的加入，但 r_n 的速率在 μ' 和在 μ^* 中没有变化，或者 r_n 的速率在 μ' 中和在 μ^* 中的变化非常小。为了精确描述这种情况，考虑两种情况。

（a）r_n 的速率在 μ' 中和在 μ^* 中没有变化。记在 μ^* 中 r_n 多播组里的目标节点的位置号码的最大值为 p，即 $v_p^* \leqslant v_{p+1}^*$。这里，在 μ' 中 r_n 多播组里的目标节点的位置号码的最大值变成了 $p+1$，这是因为目标节点 d_j 的加入，即 $v_p' = v_{p+1}' \leqslant v_{p+2}'$。由于 r_n 的速率在 μ' 中和在 μ^* 中没有变化，可得到 $v_p' = v_p^*$。由于假设中继选择方案 μ' 在位置 k 字典序优于 μ^*，并且第一个造成两个向量不同的位置是 $k = p+1$，因此可得到 $v_k' = v_{p+1}' = v_p' = v_p^* \leqslant v_{p+1}^* = v_k^*$，$\mu^*$ 比 μ' 的字典序更优或者相同，这说明在这种情况下假设不成立。

（b）在 μ' 中 r_n 的速率比在 μ^* 中 r_n 的速率小。记在 μ^* 中 r_n 多播组里的目标节点的位置号码的最小值为 g，即 $v_g^* \geqslant v_{g-1}^*$。这里在 μ' 中 r_n 的速率比在 μ^* 中 r_n 的速率小，即 $v_g^* > v_g'$。由于在 μ' 中 r_n 多播组里的目标节点的位置号码没有变化，因此得到 $v_{g-1}^* \leqslant a_j' = v_g' < v_g^*$。由于第一个造成两个向量不同的位置是 $k = g$，可推出 $v_k' = v_g' < v_g^* = v_k^*$，因此得到 μ^* 比 μ' 的字典序更优或者相同，这说明在这种情况下假设不成立。

② 在 μ' 中 r_n 多播组里的目标节点的位置号码变小，即 $a_j' < v_{g-1}^* \leqslant v_g^*$。根据式（4-43），对于所有目标节点 d_q，它们在 μ^* 中的速率满足 $a_q^* < R_n^* = v_g^*$，在 μ' 中和在 μ^* 中的速率是相同的。由于速率向量以非增排序，记在 μ' 中 r_n 多播组里的目标节点的位置号码的最小值为 h，即 $v_h' > v_{h-1}'$ 且 $v_h' \leqslant v_h^*$。在这种情况下，第一个造成在 μ' 中和在 μ^* 中速率不同的位置是 $k = h$，所以有 $v_k' = v_h' < v_h^* = v_k^*$，$\mu^*$ 比 μ' 的字典序更优或者相同，这说明在这种情况下假设不成立。

其次，考虑有多个多播组里信道状况最差的目标节点的选择方式在 μ' 和 μ^* 中不一样。记在 μ' 和 μ^* 中的中继选择 J 中不同的目标节点为 W，记这些节点在 μ' 中选择的中继节点集合为 Q，在 μ^* 中选择的中继节点集合为 T。由于 μ^* 的优性，得到 $a_j^* > a_j', \forall d_j \in W$。由于 $r_i \in T$ 中多播组里信道状态最差的目标节点被移除，所以它们在 μ' 中的速率不小于在 μ^* 中的速率，即 $R_i' \geqslant R_i^*, \forall r_i \in T$。对于其他目标节点 $d_q \in D$，在 μ' 中的速率和在 μ^* 中的速率满足如下关系

$$a_q' \geqslant a_q^*, \text{if} \min_{r_i \in T} R_1^* \leqslant a_q^* < \min_{r_i \in T} R_1' \tag{4-63}$$

$$a'_q \leqslant a^*_q, \text{if} \quad a^*_q = R^*_n, \exists r_i \in Q \tag{4-64}$$

$$a'_q = a^*_q, \text{if} \quad a^*_q < \min_{r_i \in Q}\{R^*_n\} \text{ 或 } \min_{r_i \in Q}(R^*_n) < a^*_q < \min_{r_i \in T}\{R^*_l\} \text{ \& } a^*_q \neq R^*_i \text{ 或 } a^*_q \geqslant \min_{r_i \in T}\{R'_1\} \tag{4-65}$$

根据字典序最优的定义，只关注引起两个速率向量不同的第一个位置，即最小速率。这个差异是由于 $\mu'(d_j)$ 和 $\mu^*(d_j)$ 造成的，其中 $d_j = \arg\min_{d_i \in W}\{a'_i\}$。这里，只需要考虑 d_j 造成的影响，W 中的其他节点不会影响这两个速率向量的字典序最优分析，这是因为其他节点 $d_z \in W/\{d_j\}$ 的速率比 d_j 的速率大，即 $a'_z \geqslant a'_j$，所以这些节点的位置号码比 d_j 的位置号码大，并不会影响使得速率向量不同的最小位置。在这种情况下，有多个多播组里信道状况最差的目标节点的选择方式在 μ' 和 μ^* 中不一样的情况，就变成了只有一个多播组里信道状况最差的目标节点的选择方式在 μ' 和 μ^* 中不一样的情况。类似地，已经证明了在所有情况下都满足 $v'_k < v^*_k$，因此 μ^* 比 μ' 的字典序更优或者相同，这说明在这种情况下假设不成立。

（2）所有多播组里信道状况最差的目标节点的选择方式都一样。

如果 $\forall d_j \in J$，都满足 $\mu'(d_j) = \mu^*(d_j)$，那么得到 $\forall d_j \in D$，都满足 $a'_j \leqslant a^*_j$。这是由于在 μ^* 中，每个目标节点都选择了能最大化自己接收速率的中继节点，因此得到 μ^* 比 μ' 的字典序更优或者相同，这说明在这种情况下假设不成立。

综上，不存在某个中继选择方案 μ' 在位置 k 的字典序优于 μ^*，即 μ^* 是字典序最优中继选择方案。证毕。

算法 4-1 给出了字典序最优中继选择方案的伪代码，在每个时隙开始时都会执行一次该算法。在伪代码中，第 2 行表示最大化最小速率中继选择方案，第 3～9 行用于信道分配，第 10 行按字典序最优策略选择最佳中继选择方案，第 11 行确定每个激活的中继节点速率。

算法 4-1　字典序最优中继选择方案

1：**loop**
2：　每个目标节点根据式（4-14）选择中继节点
3：　通过增广拉格朗日法调整 λ 和 β
4：　**for** 每个用户 i 和信道 k **do**
5：　　　**if** $\exists A_i = y_{ik}/x_{ik}$，其中 $k = \arg\min_n x_{in}$，且 $\tau_{lk} = 0$，$\forall (r_i, r_i) \in E$ **then**

6:　　　　　　令 $\tau_{ik} = 1$

7:　　　　**end if**

8:　　**end for**

9: **end loop** 通过更新近似参数 ϵ，直到近似差异在给定的误差范围之内

10: 每个目标节点根据式（4-58）和式（4-59）选择一个中继节点

11: 每个中继节点的速率根据式（4-4）决定

上述算法的复杂度主要是由信道分配带来的，信道分配的复杂度是 $O(K^2M)$，因此上述算法的复杂度是 $O(cK^2M)$，其中 c 表示算法的执行次数。

在动态场景中，如果在每个时隙的开始都执行算法 4-1，则通信开销很大。但是，如果资源分配更新频率较低，则性能会略微偏离最优。因此，通信开销与性能之间存在内在的折中关系。在慢衰落信道中，整个信号块的信道质量可以认为是不变的，这在协作网络中通常被认为是合理的假设[34]。在这种情况下，在每个信号块的起始处而不是在每个时隙开始处执行字典序最优的资源分配算法，并且性能不会因此而降低。另外，在动态情况下，由于对信道估计过程的延迟，可能无法在每个时隙的开始处准确地估计信道质量。为了解决这个问题，可以略微降低速率，以增加平均解码成功率，即传输的增强层数量越少，平均解码成功率就越高。

4.3.5　进一步提高性能的讨论

本节讨论两种可能的方法来进一步提高性能，即优化两步协作传输的时间，或者通过 MRC 技术将信道分配给静默的中继节点。

（1）优化两步协作传输的时间。采用两步协作多播传输模型，其中多播服务时间 T 的每个时隙被分成两个时间间隔 T_1 和 T_2。为了确定字典序的最优速率向量，需要找到所有满足 $T_1 + T_2 = T$ 的 T_1 和 T_2。本章提出的算法可以很容易在给定 T_1 和 T_2 时，找到字典序的最优速率向量，所以通过一维遍历 T_1 或 T_2，可以找到最佳的 T_1 和 T_2 以及字典序的最优速率向量。

（2）与 MRC 技术结合。考虑一个例子，将信道 c_k 分配给中继节点 r_i，并且由于信道数目的限制，其邻居中继节点 r_j 保持静默。观察到相邻的中继节点 r_i 和

r_j 共享一部分目标节点，这些节点能够从两个中继节点同时接收信号，因此这些目标节点可以通过 MRC 技术接收到更多的增强层。为此，我们将信道 c_k 分配给中继节点 r_j，并且 r_j 和 r_i 传输相同多的增强层，增强层的确切数量可以通过两个中继节点进一步的协调得出。在这种情况下，相当于将两个中继节点 r_i 和 r_j 合并成一个新的巨型节点 $r_{(i,j)}$，其中对于任何 $(r_l,r) \in E$ 以及 $(r_l,r_j) \in E$，都会使得 $(r_l,r_{(i,j)}) \in E$，这样一来就形成了一个新的冲突图，可以使用本章提出的算法来获得字典序的最优资源分配。然而，寻找最优 MRC 技术结合的问题是 NP 问题，因为 MRC 技术的权重根据不同的中继节点组合而变化[39]。通过该方法得到一个低复杂度的算法是一个非常有难度但又非常有趣的问题，有待我们进一步研究。

4.4 仿真结果

本节通过仿真来评估字典序最优算法的性能。在仿真中，源节点位于中心，目标节点随机分布在半径为 500 m 的圆形区域，中继节点随机分布在半径为 100 m 圆形区域。采取文献[10]中的仿真参数设置，将所有的信道带宽都设置为 22 MHz。对于每个节点，发射功率是相同的，即对于源节点 s 和中继节点 $r_i \in R$，$P_s = P_{r_i} = 1$ W。对于传输模型，假设路径损耗指数 $\alpha = 4$，静态噪声功率为 10^{-10} W。

本节将字典序最优算法与以下三种算法进行对比：

（1）随机算法：中继节点随机激活，目标节点选择信道质量最好的中继节点。

（2）基于吞吐量的算法：把信道分配给能最大化总速率的中继节点[40]。

（3）最大化最小速率算法：在引理 1 中提出的 $\hat{\mu}$。

为了比较性能，将到字典序最优速率向量的距离定义为 $N-i$，其中 i 是字典序最优速率向量 $\boldsymbol{R}^*$ 的前缀 $(v_1,v_2,\cdots,v_i)$ 以及对比算法 $\boldsymbol{R}'$ 的前缀 $(v_1',v_2',\cdots,v_i')$，满足 $v_i^* > v_i'$，并且 $v_j^* > v_j'$，$\forall j < i$。

首先分析四种算法的字典序最优偏差，然后进一步讨论所有目标节点的速率。本节在不同可用信道数量、不同中继节点数量和不同目标节点数量的情况下对比四种算法的性能。对于每种情况，随机生成 10 次实例以获得平均性能。

　　图 4-3 演示了可用信道数量和字典序最优偏差的关系，在仿真中我们采用 10 个中继节点和 30 个目标节点。即使最大化最小速率算法达到了与字典序最优算法相同的最小速率，但与字典序最优的偏差相当大，这证实了字典序最优算法是最大化最小速率算法的改进。字典序最优算法的表现也优于其他两个对比算法。基于吞吐量的算法最偏离字典序最优算法，因为它牺牲了信道最差的用户的性能。

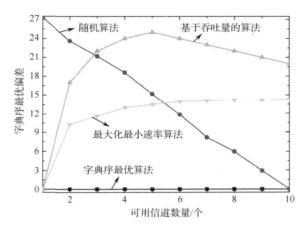

图 4-3　可用信道数量和字典序最优偏差的关系

　　我们考虑在 5 个信道和 30 个目标节点的情况下，不同中继节点数量和字典序最优偏差的关系。根据图 4-4 可知，字典序最优算法的性能优于其他三种算法。中继节点数量对字典序最优偏差的影响很小，因为可用信道数量很少，因此限制了中继节点的选择。

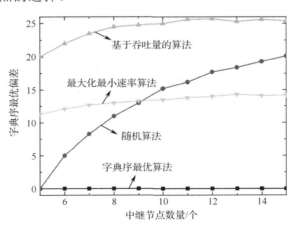

图 4-4　中继节点数量和字典序最优偏差的关系

考虑在 10 个中继节点和 5 个信道的情况下，目标节点数量和字典序最优偏差的关系。根据图 4-5，当目标节点数量较多时，字典序最优算法的性能增益较大。

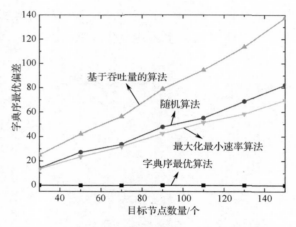

图 4-5　目标节点数量和字典序最优偏差的关系

除了字典序最优偏差，本节也分析了所有目标节点的速率向量。在 10 个目标节点、10 个中继节点、3 个可用信道的情况下，表 4-1 给出了四种算法的速率向量。可以发现，字典序最优算法的字典序速率向量优于其他三种算法。可以得出这样的结论，字典序最优算法比其他三种算法具有更好公平性，并且为协作多播系统中的所有目标节点提供相对均匀的服务质量。

表 4-1　四种算法的速率向量

算法	速率向量
字典序最优算法	12.7496,12.7496,12.7496,14.7067,14.7067,15.8894,15.8894,15.8894,17.2415,17.2415
随机算法	12.2972,12.2972,12.2972,14.2155,14.2155,14.2155,15.0306,15.0306,18.2415,18.2415
基于吞吐量的算法	11.5488,11.5488,11.5488,13.4623,18.0838,18.0838,18.0838,20.2415,20.2415,20.2415
最大化最小速率算法	12.7496,12.7496,12.7496,12.7496,14.7067,14.7067,14.7067,15.8894,15.8894,17.2415

4.5 结论

本章构建了一个针对有限数量的信道的协作多播的字典序最优多播中继选

择方案。具体来说，分两步设计算法：①考虑最大化最小速率，通过解耦中继选择和信道分配，将问题转化为 max-min-max 问题，但这个问题难以直接解决。为了使这个问题易于处理，通过松弛和平滑来重构问题，并从几何的角度证明了重构后的问题与原问题渐近等价。②提出了一种基于 max-min 初始解的调整算法，证明了该方案可以实现字典序最优。仿真结果表明，本章提出的方案是字典序最优的，并且比传统方案的性能更好。

参考文献

[1] Militano L, Niyato D, Condoluci M, et al. Radio resource management for group-oriented services in LTE-A[J]. IEEE Transactions on Vehicular Technology, 2014, 64(8): 3725-3739.

[2] Hu B, Zhao H V, Jiang H. Wireless multicast using relays: Incentive mechanism and analysis[J]. IEEE Transactions on Vehicular Technology, 2012, 62(5): 2204-2219.

[3] Lv L, Chen J, Ni Q, et al. Design of cooperative non-orthogonal multicast cognitive multiple access for 5G systems: User scheduling and performance analysis[J]. IEEE Transactions on Communications, 2017, 65(6): 2641-2656.

[4] Li P, Zhang H, Zhao B, et al. Scalable video multicast with adaptive modulation and coding in broadband wireless data systems[J]. IEEE/ACM Transactions on Networking, 2011, 20(1): 57-68.

[5] Shi X, Medard M, Lucani D E. Whether and where to code in the wireless packet erasure relay channel[J]. IEEE Journal on Selected Areas in Communications, 2013, 31(8): 1379-1389.

[6] Khamfroush H, Pahlevani P, Lucani D E, et al. On the coded packet relay network in the presence of neighbors: Benefits of speaking in a crowded room[C]// 2014 IEEE International Conference on Communications, 2014: 1928-1933.

[7] Shi Y, Sharma S, Hou Y T, et al. Optimal relay assignment for cooperative communications[C]// Proceedings of the 9th ACM international symposium on Mobile ad hoc networking and computing, 2008: 3-12.

[8] Lu Y, Wang W, Chen L, et al. Distance-based energy-efficient opportunistic broadcast forwarding in mobile delay-tolerant networks[J]. IEEE Transactions on Vehicular Technology, 2015, 65(7): 5512-5524.

[9] Senanayake R, Smith P J, Martin P A, et al. Performance analysis of reconfigurable antenna arrays[J]. IEEE Transactions on Communications, 2017, 65(6): 2726-2739.

[10] Yang D, Fang X, Xue G. OPRA: Optimal relay assignment for capacity maximization in cooperative networks[C]// 2011 IEEE International Conference on Communications (ICC). IEEE, 2011: 1-6.

[11] Maric I, Yates R D. Cooperative multihop broadcast for wireless networks[J]. IEEE Journal on Selected Areas in Communications, 2004, 22(6): 1080-1088.

[12] Sirkeci-Mergen B, Scaglione A. On the power efficiency of cooperative broadcast in dense wireless networks[J]. IEEE Journal on Selected Areas in Communications, 2007, 25(2): 497-507.

[13] Kyasanur P, Vaidya N H. Capacity of multi-channel wireless networks: impact of number of channels and interfaces[C]// Proceedings of the 11th annual international conference on Mobile computing and networking, 2005: 43-57.

[14] Homayounzadeh A, Mahdavi M. Performance analysis of cooperative cognitive radio networks with imperfect sensing[C]// 2015 International Conference on Communications, Signal Processing, and their Applications, 2015: 1-6.

[15] Narayanan S, Di Renzo M, Graziosi F, et al. Distributed spatial modulation: A cooperative diversity protocol for half-duplex relay-aided wireless networks[J]. IEEE Transactions on Vehicular Technology, 2015, 65(5): 2947-2964.

[16] Attarkashani A, Hamouda W. Joint power allocation and subcarrier-relay assignment for OFDM-based decode-and-forward relay networks[J]. IEEE Communications Letters, 2016, 20(11): 2312-2315.

[17] Yang S, Mccann J A. Distributed optimal lexicographic max-min rate allocation in solar-powered wireless sensor networks[J]. ACM Transactions on Sensor Networks (TOSN), 2014, 11(1): 1-35.

[18] Wu Y S, Yeh C H, Tseng W Y, et al. Scalable video streaming transmission over cooperative communication networks based on frame significance analysis[C]// 2012 IEEE International Conference on Signal Processing, Communication and Computing, 2012: 274-279.

[19] Nguyen T V, Cosman P C, Milstein L B. Double-layer video transmission over decode-and-forward wireless relay networks using hierarchical modulation[J]. IEEE transactions on image processing, 2014, 23(4): 1791-1804.

[20] Hwang D, Chau P, Shin J, et al. Two cooperative multicast schemes of scalable video in relay‐based cellular networks[J]. IET Communications, 2015, 9(7): 982-989.

[21] Zhou Y, Liu H, Pan Z, et al. Spectral-and energy-efficient two-stage cooperative multicast for LTE-advanced and beyond[J]. IEEE Wireless Communications, 2014, 21(2): 34-41.

[22] Zhou Y, Liu H, Pan Z, et al. Two-stage cooperative multicast transmission with optimized power consumption and guaranteed coverage[J]. IEEE Journal on Selected Areas in Communications, 2013, 32(2): 274-284.

[23] Ratnakar N, Kramer G. The multicast capacity of deterministic relay networks with no interference[J]. IEEE Transactions on Information Theory, 2006, 52(6): 2425-2432.

[24] Alay O, Korakis T, Wang Y, et al. Layered wireless video multicast using omni-directional relays[C]// 2008 IEEE International Conference on Acoustics, Speech and Signal Processing, 2008: 2149-2152.

[25] Xiong K, Fan P, Zhang C, et al. Wireless information and energy transfer for two-hop non-regenerative MIMO-OFDM relay networks[J]. IEEE Journal on Selected Areas in Communications, 2015, 33(8): 1595-1611.

[26] Niu B, Jiang H, Zhao H V. A cooperative multicast strategy in wireless networks[J]. IEEE Transactions on Vehicular Technology, 2010, 59(6): 3136-3143.

[27] Jiang D, Xu Z, Lv Z. A multicast delivery approach with minimum energy consumption for wireless multi-hop networks[J]. Telecommunication Systems, 2016, 62: 771-782.

[28] Ren S, van der Schaar M. Pricing and distributed power control in wireless relay networks[J]. IEEE Transactions on Signal Processing, 2011, 59(6): 2913-2926.

[29] Medepally B, Mehta N B. Voluntary energy harvesting relays and selection in cooperative wireless networks[J]. IEEE Transactions on Wireless Communications, 2010, 9(11): 3543-3553.

[30] Lapiccirella F E, Liu X, Ding Z. Distributed control of multiple cognitive radio overlay for primary queue stability[J]. IEEE Transactions on Wireless Communications, 2012, 12(1): 112-122.

[31] Cao D, Chen M, Wang H, et al. Interval method for global solutions of a class of min–max–min problems[J]. Applied Mathematics and Computation, 2008, 196(2): 594-602.

[32] Polak E, Royset J O. Algorithms for finite and semi-infinite min–max–min problems using adaptive smoothing techniques[J]. Journal of Optimization Theory and Applications, 2003, 119: 421-457.

[33] Tsoukalas A, Parpas P, Rustem B. A smoothing algorithm for finite min–max–min problems[J]. Optimization Letters, 2009, 3: 49-62.

[34] Li T, Fan P, Letaief K B. Outage probability of energy harvesting relay-aided cooperative networks over Rayleigh fading channel[J]. IEEE Transactions on Vehicular Technology, 2015, 65(2): 972-978.

[35] Boyd S P, Vandenberghe L. Convex optimization[M]. Cambridge: Cambridge University Press, 2004.

[36] Noble B, Daniel J W. Applied linear algebra[M]. Englewood Cliffs, NJ: Prentice-Hall, 1977.

[37] Wang W, Wang W, Lu Q, et al. Geometry-based optimal power control of fading multiple access channels for maximum sum-rate in cognitive radio networks[J]. IEEE Transactions on Wireless Communications, 2010, 9(6): 1843-1848.

[38] Li L, Goldsmith A. Capacity and optimal resource allocation for fading broadcast channels[C]// IEEE Transactions on Information Theory, 2001, 47(3): 1083-1102.

[39] Kellerer H, Pferschy U, Pisinger D, et al. Introduction to NP-Completeness of knapsack problems[J]. Knapsack Problems, 2004: 483-493.

[40] Liu J, Chen W, Cao Z, et al. Dynamic power and sub-carrier allocation for OFDMA-based wireless multicast systems[C]// 2008 IEEE International Conference on Communications, 2008: 2607-2611.

第 5 章
基于稳定性的移动边缘计算系统
时延优化研究

5.1 概述

5.1.1 移动边缘计算

先进的技术和设计应用于智能移动设备为我们提供了一个强大的平台，能够实现许多具有特殊功能的计算密集型移动应用，如交互式游戏、虚拟现实和自然语言处理[1-2]。但是，这对计算的质量提出了迫切的要求。由于移动设备的计算资源和缓存有限，仅仅依靠移动设备是不能实现这些计算密集型应用的。移动边缘计算是处理爆炸性计算需求最有前景的技术之一。通过将任务卸载到移动边缘计算（Mobile Edge Computing，MEC）服务器，计算密集型应用和资源有限的移动设备之间的紧张关系可以得到明显的缓解[3-5]。与传统的云计算系统不同，云计算系统依赖于远程云计算服务器，可能导致巨大的通信时延。MEC服务器提供了与移动设备紧密连接的计算能力，因此通过将计算任务从移动设备卸载到 MEC 服务器，可以大大提高包括能耗和执行时延在内的计算质量[6-8]。

5.1.2 移动边缘计算系统时延优化的挑战

为了获得能耗和执行时延之间的最优平衡，Lyapunov 优化[9]提供了一个公认的有效的队列稳定性方法，只要平均到达速率在系统容量区域内，就可以确保队列的稳定性。这种方法具有较低的复杂度，使得将该方法应用于具有不同业务模型和业务速率分布的情况成为可能。文献[3]采用 Lyapunov 优化只对数据队列进行操作，得到一个低复杂度的在线算法。文献[10]采用 Lyapunov 优化对计算队列进行优化，得到时延最优的任务调度系统，但该系统只有一个用户和一个服务器。然而，在 MEC 服务器中，计算任务具有两个特征，即数据大小和计算大小，不可能在一个队列中获取这两个特征的组合效果。考虑以下例子：当只考虑数据队列时，Lyapunov 优化产生的优化目标为 $Q^k(u)r(u)$，其中 $Q^k(u)$ 表示时隙 u 中任务 k 的数据队列长度，$r(u)$ 表示计算卸载的传输速率。在这种情况下，如果两个或多个任务的数据队列长度相同，则选择随机任务卸载，或者传输速率被所有任务均分。这两种调度决策都不能达到很好的时延性能，因为计算大小的信息没有被利用。直观来讲，选择具有更高的计算大小和数据大小比率的任务进行卸载时，时延性能更优。对于只考虑计算队列的情况，结果是类似的：当两个或多个任务的计算队列长度相同时，调度决策是随机的，而不考虑其数据大小，这在设计高效调度算法时明显不是我们希望的。

5.1.3 移动边缘计算系统的研究现状

5.1.3.1 计算卸载

云计算系统的计算卸载近来备受关注。文献[17]通过计算卸载来最小化平均能耗。文献[10]基于马尔可夫决策过程提出了一种单用户 MEC 服务器的时延最优算法。文献[18]首先对单用户 MEC 系统的能量延迟折中进行了分析，然后将文献[3]的结果扩展到了多用户系统。文献[19]基于博弈论提出了一种分布式计算卸载算法。文献[20]在多蜂窝 MEC 服务器中采用连续的强逼近联合优化通信资源和计算资源。上述的工作假定 MEC 服务器有足够强大的计算能力，并且卸载的计算任务在到达 MEC 服务器时能得到立即执行。实际上，当存在多个用户时，卸载任务的数量可能非常大，这些任务不能在短时间内卸载，排队时间是不容忽视的，特别是在考虑系统时延性能时。本章考虑 MEC 服务器有限的计算能力，以及移动设备和 MEC 服务器之间有限的通信能力。

5.1.3.2 时延感知

文献[13]给出了常见的处理时延感知资源分配的方法。大偏差[14]是一种将时延约束转化为速率约束的方法，但这种方法仅在较大的时延容忍条件下才能获得良好的性能。随机优化[15]可以优化对称到达情况下的时延。马尔可夫决策过程（MDP）[16]可以最小化一般情况下的时延，但通过遍历或策略迭代的方法来解贝尔曼方程将导致复杂度维度诅咒。

Lyapunov 优化[9]是一种有效的队列稳定性方法，只要平均到达速率在系统稳定区域内，就能保证队列的稳定性。另外，Lyapunov 优化对于解决 MEC 服务器通信资源和计算资源的联合分配问题有两个好处：

（1）在复杂的双队列中，系统运行（包括卸载决策、卸载传输功率和本地计算决策）只依赖于确定性优化问题的闭式最优解。

（2）Lyapunov 优化具有较低的计算复杂度，这使得将其应用于具有不同请求模型和分布场景成为可能。

在现有的大多数算法中[3,10]，只对用户数据队列或计算队列进行 Lyapunov 优化。然而，不可能在单个队列中获取数据大小和计算大小两个特征的组合效果。与这些工作不同的是，本章为用户建立了一个双队列系统，即数据队列和计算队列子系统，以获取数据大小和计算大小这两个特征的组合效果。

此外，由于数据队列和计算队列属于动态的状态依赖受控随机游走过程，所以大多数已有的关于时延性能的研究工作并没有分析状态依赖队列的稳态分布，并且没有已知的闭式稳态分布。有限的缓存空间[10,21-22]使分析队列的稳态分布变得更加复杂，本章通过强逼近方法来解决这个问题，将队列动态的离散时间受控随机游走过程转换为具有反射的连续时间随机微分方程，从而得到闭式的队列稳态分布。

5.1.4　贡献

本章为多用户 MEC 服务器的通信资源和计算资源的联合分配开发了一个分析框架，并进一步推导了在用户和 MEC 服务器缓存有限的情况下的闭式时延性能。主要的技术挑战是状态依赖队列的分析。为了研究用户和 MEC 服务器的有限缓存空间对时延性能的影响，本章将队列的随机动态性纳入考量范围是非常重要的。对队列的稳态分析相当具有挑战性，特别是对于相互耦合的队列。耦合队列属于动态的状态依赖受控随机游走过程，稳态分布没有已知的闭合形式。有限的缓存空间使得分析变得更加复杂，因此文献[11-12]中的技术不能直接应用于多用户 MEC 服务器的通信资源和计算资源的联合分配。

本章的主要贡献概括如下：

（1）本章为用户建立双队列系统，包括数据队列子系统和计算队列子系统，以便获取数据大小和计算大小的组合效果。在双队列系统的基础上，本章采用 Lyapunov 优化得到一种低复杂度的在线动态随机资源分配算法。在每个时隙中，系统运行（包括卸载决策、卸载传输功率和本地计算决策）只依赖于确定性优化问题的闭式最优解。

（2）为了分析用户和 MEC 服务器在有限缓存下的时延性能，本章采用强逼近的方法将队列动态的离散时间受控随机游走过程转化为带反射的连续时间随机微分方程。根据随机微分方程（Stochastic Differential Equations，SDE）的稳态分析，得到了队列的闭式的稳态分布。基于该稳态分布，可以得到平均时延性能。

5.2 移动边缘计算系统模型

移动边缘计算系统模型如图 5-1 所示，其中的 N 个移动设备（用户）记为集合 $\mathcal{N}$，它们由 MEC 服务器管理并提供服务；移动设备中运行 K 个独立且经细分过的任务[3,26-28]，记为集合 $\mathcal{K}$，其中任务 k 的计算量记为 c^k。图 5-1 适应于移动设备计算能力相对较弱，非常需要 MEC 服务器的场景，如交互式游戏和虚拟现实应用[23]。MEC 服务器部署在无线接入点的计算中心，因此移动设备使用无线信道访问 MEC 服务器，并且 MEC 服务器可以帮助用户执行一部分计算任务[24-25]。

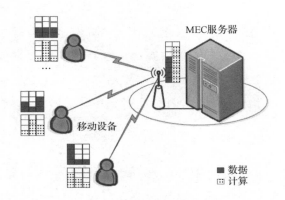

图 5-1　移动边缘计算系统模型

　　时间由多个时隙构成，每个时隙的持续时间是一个单位时间。N 个移动设备在每个时隙共享一个无线信道进行计算卸载。令 $\mathcal{S}$ 表示全局信道增益，即 $\mathcal{S} = S_i(u), i \in \mathcal{N}$，其中 $S_i(u)$ 是从移动设备 i 到 MEC 服务器的信道增益。利用无线接入点可用的无线信道状态信息，MEC 系统可在随机环境下动态分配资源，这是传统云计算系统无法提供的新特性。

5.2.1　资源分配模型

　　在每个时隙开始时，控制器确定卸载决策、$\mathcal{N}$ 中用户的本地计算决策和功率分配。相关的控制变量定义如下：

　　（1）卸载决策变量 $b^C(u)$：定义 $b^C(u) = \{b_i^{k,C}(u), \forall k \in \mathcal{K}, \forall i \in \mathcal{N}\}$，其中 $b_i^{k,C}(u) \in \{0,1\}$。$b_i^{k,C}(u) = 1$ 表示用户 i 将任务 k 卸载到 MEC 服务器。

　　（2）本地计算决策变量 $b^L(u)$：定义 $b^L(u) = \{b_i^{k,L}(u), \forall k \in \mathcal{K}, \forall i \in \mathcal{N}\}$，其中 $b_i^{k,L}(u) \in \{0,1\}$。$b_i^{k,L}(u) = 1$ 表示用户 i 的本地计算任务 k。

　　（3）功率分配 $P(u)$：定义 $P(u) = \{p_i(u), \forall i \in \mathcal{N}\}$，其中 $p_i(u)$ 是用户 i 到 MEC 服务器的传输功率。

　　如果传输功率是 $p_i(u)$，那么从用户 i 到 MEC 服务器的计算卸载的传输速率可以记作

$$r_i(u) = \log_2[1 + p_i(u)S_i(u)] \tag{5-1}$$

5.2.2　队列动态方程和稳定性

每个用户均有一个数据队列和一个计算队列，用户 i 的任务 k 的队列长度记为 $Q_i^k(u)$ 和 $Z_i^k(u)$。令 $A(u) = \{A_i^k(u), \forall k \in \mathcal{K}, \forall i \in \mathcal{N}\}$ 表示任务的数据队列随机到达，其中 $A_i^k(u)$ 是用户 i 的任务 k 的到达比特。假设 $A(u)$ 对于时隙服从独立同分布，其平均到达速率 $E[A_i^k(u)] = \lambda_i^k$。将任务的计算队列随机到达记为 $A_i^k(u)$，CPU 运行次数记为 c^k，每个用户的计算能力记为 f_u，MEC 服务器的计算能力记为 f_s。

数据队列 $Q_i^k(u)$ 的动态方程是

$$Q_i^k(t+1) = \left[Q_i^k(u) - b_i^{k,C}(u)r_i(u) - b_i^{k,L}(u)\frac{f_u}{c^k} \right]^+ + A_i^k(u) \qquad （5-2）$$

计算队列的动态方程是

$$Z_i^k(t+1) = [Z_i^k(u) - b_i^{k,C}(u)r_i(u)c^k - b_i^{k,L}(u)f_u]^+ + A_i^k(u)c^k \qquad （5-3）$$

MEC 服务器也保持一个计算队列 $W(u)$：

$$W(t+1) = W(u) - f_s + \sum_{k \in \mathcal{K}} \sum_{i \in \mathcal{N}} b_i^{k,C}(u)r_i(u)c^k \qquad （5-4）$$

以及一个数据队列 $V(u)$：

$$V(t+1) = V(u) - f_s / [b_s^k(u)c^k] + \sum_{k \in \mathcal{K}} \sum_{i \in \mathcal{N}} b_i^{k,C}(u)r_i(u) \qquad （5-5）$$

式中，$b_s^k(u) = 1$ 表示 MEC 服务器选择任务 k 进行计算，选择方式基于先进先出的原则。注意，MEC 服务器有如下两个好处：①运算符 $(*)^+$ 没有用到，因为一个负的 $W(u)$ 会使用户更快地将计算任务卸载到 MEC 服务器，因此可节省宝贵的计算资源；②任务按先进先出的方式排队，所以队列长度可以直接反映排队时延。

为了从队列稳定性角度研究该队列稳定性，下面根据文献[9]定义队列稳定性。

定理 1　队列稳定性

如果满足

$$\lim_{T \to \infty} \frac{1}{T} \left(\sum_{t=0}^{T} E[X(u)] \right) < \infty \qquad (5\text{-}6)$$

则队列 $X(u)$ 是稳定的，系统是稳定的。

5.2.3　优化问题

为了保证 MEC 系统是稳定的，首先定义容量区域[9]。

定义 1　容量区域

容量区域 Λ 是指在符合功率约束 $P(u) \in \Pi$（表示所有可行的功率约束集合）的条件下，所有可以通过功率分配算法使系统稳定的进入速率向量 λ 的包络。

本节假设进入速率向量都严格在容量区域内部，因此系统是可以稳定的。本节的目标是在发射功率的限制下，确定随机资源分配来稳定所有的队列。定义 $\pi_{G(u)}$ 是信道状态的稳态概率 $G(u)$。对于任何 $\lambda \in \Lambda$，资源分配［包括卸载决策变量 $b^C(u)$、本地计算决策变量 $b^L(u)$ 以及功率分配变量 $P(u)$ ］满足

$$\sum_{G(u)} \pi_{G(u)} r_i[P(u), b^C(u), b^L(u), G(u)] \geqslant \sum_{k \in \mathcal{K}} \lambda_i^k, \forall i \in \mathcal{N} \qquad (5\text{-}7)$$

$$P(u) \in \Pi \qquad (5\text{-}8)$$

$$\sum_{i \in \mathcal{N}} \sum_{k \in \mathcal{K}} b_i^{k,C}(u) = 1 \qquad (5\text{-}9)$$

$$\sum_{k \in \mathcal{K}} b_i^{k,L}(u) = 1, \quad \forall i \in \mathcal{N} \qquad (5\text{-}10)$$

式（5-7）是系统稳定性约束，式（5-8）是功率约束，式（5-9）表示同一时刻只允许一个用户将任务卸载到 MEC 服务器，式（5-10）表示同一时刻每个用户都只能在本地执行一个任务。

5.3 基于稳定性的随机资源分配算法

本节提出了 MEC 系统随机资源分配的分析框架，通过 Lyapunov 优化，得到了闭式功率控制方案。该框架表征了队列长度对资源分配的影响。

为了满足稳定性约束条件，采用 Lyapunov 优化方法，并使用常用的二阶 Lyapunov 函数[9][见式（5-11）]。Lyapunov 函数值随着队列长度的增加而以二次方增加，可以提供足够大的 Lyapunov 偏移惩罚函数来稳定系统。

$$L[Q_i^k(u)] = \sum_{i \in \mathcal{N}} \sum_{k \in \mathcal{K}} \left\{ \frac{1}{2}[Q_i^k(u)]^2 + \frac{1}{2}[Z_i^k(u)]^2 \right\} + [W(u)]^2 \tag{5-11}$$

根据 Little 定律[29]，队列 $Q_i^k(u)$ 和 $Z_i^k(u)$ 的平均时延是相同的，因此在 Lyapunov 函数中对这两个队列取平均值。根据定义 1，为了保证系统的稳定性，所有的队列都应该是稳定的。

为了考虑功率约束，本节将 γ 作为卸载时的功率价格，提出了相关的 Lyapunov 优化问题，即

$$
\begin{aligned}
\max_{P(u),b^C(u),b^L(u)} & \left\{ \sum_{i \in \mathcal{N}} \sum_{k \in \mathcal{K}} b_i^{k,C}(u)[Q_i^k(u)r_i(u) + Z_i^k(u)r_i(u)c^k] - \right. \\
& \left. 2W(u)\sum_{i \in \mathcal{N}} \sum_{k \in \mathcal{K}} b_i^{k,C}(u)r_i(u)c^k - \sum_{i \in \mathcal{N}} \sum_{k \in \mathcal{K}} b_i^{k,C}(u)\gamma p\_i(u) \right\} + \\
& \sum_{i \in \mathcal{N}} \sum_{k \in \mathcal{K}} b_i^{k,L}(u)\left[Q_i^k(u)\frac{f_{i,u}}{c^k} + Z_i^k(u)f_{i,u} \right]
\end{aligned}
\tag{5-12}
$$

证明：

分别考虑用户数据队列的 Lyapunov 偏移、计算队列的 Lyapunov 偏移，以及 MEC 服务器中计算队列的 Lyapunov 偏移。

用户 i 的数据队列 $Q_i^k(u)$ 的 Lyapunov 偏移是

$$\Delta L[Q_i^k(u)] = \frac{1}{2}\left\{ \left[Q_i^k(u) - b_i^{k,C}(u)r_i(u) - b_i^{k,L}(u)\frac{f_u}{c^k} \right]^+ + A_i^k(u) \right\}^2 - \frac{1}{2}[Q_i^k(u)]^2$$

$$= \frac{1}{2}[A_i^k(u)]^2 + \frac{1}{2}\left[b_i^{k,C}(u)r_i(u) + b_i^{k,L}(u)\frac{f_u}{c^k}\right]^2 +$$

$$Q_i^k(u)\left[A_i^k(u) - b_i^{k,C}(u)r_i(u) - b_i^{k,L}(u)\frac{f_u}{c^k}\right] \tag{5-13}$$

偏移的期望是

$$E\{\Delta L[Q_i^k(u)]\} = B_i^k + Q_i^k(u)\left\{\lambda_i^k - E[b_i^{k,C}(u)r_i(u)] - E\left[b_i^{k,L}(u)\frac{f_u}{c^k}\right]\right\} \tag{5-14}$$

式中，$B_i^k = \frac{1}{2}E\left\{[A_i^k(u)]^2 + \frac{1}{2}\left[b_i^{k,C}(u)r_i(u) + b_i^{k,L}(u)\frac{f_u}{c^k}\right]^2\right\}$，是一个有界常数。为了最

小化偏移的期望，本节利用了机会式最大化期望的概率，即通过观察当前队列长度和信道状态并选择调度变量来最小化偏移的期望。

$$\min_{P(u),b^C(u),b^L(u)} Q_i^k(u)\left[-b_i^{k,C}(u)r_i(u) - b_i^{k,L}(u)\frac{f_u}{c^k}\right] \tag{5-15}$$

用户 i 的计算队列 $Z_i^k(u)$ 的 Lyapunov 偏移是

$$\Delta L[Z_i^k(u)] = \frac{1}{2}\{[Z_i^k(u) - b_i^{k,C}(u)r_i(u)c^k - b_i^{k,L}(u)f_u]^+ + A_i^k(u)c^k\}^2 - \frac{1}{2}[Z_i^k(u)]^2$$

$$= \frac{1}{2}[A_i^k(u)c^k]^2 + \frac{1}{2}[b_i^{k,C}(u)r_i(u)c^k + b_i^{k,L}(u)f_u]^2 +$$

$$Z_i^k(u)[A_i^k(u)c^k - b_i^{k,C}(u)r_i(u)c^k - b_i^{k,L}(u)f_u] \tag{5-16}$$

偏移的期望是

$$E\{\Delta L[Z_i^k(u)]\} = C_i^k + 2Z_i^k(u)\{\lambda_i^k c^k - E[b_i^{k,C}(u)r_i(u)c^k] - E[b_i^{k,L}(u)f_u]\} \tag{5-17}$$

式中，$C_i^k = \frac{1}{2}E\left\{[A_i^k(u)c^k]^2 + \frac{1}{2}[b_i^{k,C}(u)r_i(u)c^k + b_i^{k,L}(u)f_u]^2\right\}$，是有界常数。

相应的目标函数是

$$\min_{P(u),b^C(u),b^L(u)} Z_i^k(u)[-b_i^{k,C}(u)r_i(u)c^k - b_i^{k,L}(u)f_u] \tag{5-18}$$

MEC 服务器中计算队列 $W(u)$ 的 Lyapunov 偏移是

$$\Delta L[W(u)] = \left[W(u) - f_s + \sum_{k\in\mathcal{K}}\sum_{i\in\mathcal{N}} b_i^{k,C}(u) r_i(u) c^k \right]^2 - [W(u)]^2$$

$$= (f_s)^2 + \left[\sum_{k\in\mathcal{K}}\sum_{i\in\mathcal{N}} b_i^{k,C}(u) r_i(u) c^k \right]^2 + \qquad (5\text{-}19)$$

$$2W(u)\left[\sum_{k\in\mathcal{K}}\sum_{i\in\mathcal{N}} b_i^{k,C}(u) r_i(u) c^k - f_s \right]$$

偏移的期望是

$$E\{\Delta L[W(u)]\} = D + 2W(u)\left\{ \sum_{k\in\mathcal{K}}\sum_{i\in\mathcal{N}} E[b_i^{k,C}(u) r_i(u) c^k] - f_s \right\} \qquad (5\text{-}20)$$

式中，$D = E\left\{ (f_s)^2 + \left[\sum_{k\in\mathcal{K}}\sum_{i\in\mathcal{N}} b_i^{k,C}(u) r_i(u) c^k \right]^2 \right\}$，是一个有界常数。

相应的目标函数是

$$\min_{P(u),b^C(u),b^L(u)} 2W(u)\sum_{k\in\mathcal{K}}\sum_{i\in\mathcal{N}} b_i^{k,C}(u) r_i(u) c^k \qquad (5\text{-}21)$$

对式（5-15）、式（5-18）和式（5-21）求和，可以得到优化目标函数，即式（5-12）。证毕。

为了实现 Lyapunov 优化问题的最优性，下面的定理给出了最优资源分配。

定理 2　最优资源分配算法

为了式（5-12）的最优性，调度任务-用户对 (k^*, i^*) 的计算卸载，即 $b_{i^*}^{k^*,C} = 1$，满足

$$(k^*, i^*) = \arg\max_{k,i} [Q_i^k(u) + Z_i^k(u) c^k -$$

$$2W(u)c^k] \log_2\left\{ \frac{S_i(u)[Q_i^k(u) + Z_i^k(u) c^k - 2W(u)c^k]}{2\gamma \ln 2} \right\} + \frac{\gamma}{S_i(u)} \qquad (5\text{-}22)$$

功率分配 $p_i(u)$ 满足

$$p_i(u) = \left(\frac{Q_i^k(u) + Z_i^k(u)c^k - 2W(u)c^k}{\gamma \ln 2} - \frac{1}{S_i(u)} \right)^+ \tag{5-23}$$

任务 k' 在本地计算，即 $b_i^{k',L} = 1$，满足

$$k' = \arg\max_k Q_i^k(u)\frac{f_{i,u}}{c^k} + Z_i^k(u)f_{i,u} \tag{5-24}$$

证明：

对于计算卸载来说，根据式（5-9），只有一个任务-用户对被调度。观察到卸载决策和本地计算决策没有耦合在一起，可以把式（5-12）中关于计算卸载的项单独提出，即

$$\max_{P(u),b^C(u),b^L(u)} \{[Q_i^k(u)r_i(u) + Z_i^k(u)r_i(u)c^k] - 2W(u)r_i(u)c^k - \gamma p_i(u)\} \tag{5-25}$$

把式（5-1）代入式（5-25），对 $p_i(u)$ 求偏导并令其等于 0，可得

$$[Q_i^k(u) + Z_i^k(u)c^k - 2W(u)]\frac{S_i(u)\ln 2}{1 + S_i(u)p_i(u)} - \gamma = 0 \tag{5-26}$$

整理式（5-26），可得到最优功率分配［见式（5-23）］。把式（5-23）代入式（5-21），可得到最优任务-用户对［见式（5-22）］。

对于本地计算来说，根据式（5-10），每个用户只有一个任务可以被计算。观察到卸载决策和本地计算决策没有耦合在一起，可以把式（5-12）中关于本地计算的项单独提出，即

$$\max_{P(u),b^C(u),b^L(u)} \left[Q_i^k(u)\frac{f_{i,u}}{c^k} + Z_i^k(u)f_{i,u} \right] \tag{5-27}$$

对于给定 i 和 k 是常数，则得到最优本地计算决策［见式（5-24）］。证毕。

下面证明了定理 2 描述的资源分配算法实现了 MEC 系统中所有队列的稳定性。

定理 3　稳定性

如果进入速率向量 λ 在给定功率约束 $P(u) \in \Pi$ 下严格在容量区域 Λ 内，则定

理 2 的资源分配算法可以使得 MEC 系统所有队列稳定。

具体而言，平均功率和平均队列长度满足

$$\bar{p} = \lim_{T \to \infty} \frac{1}{T} \sum_{t=0}^{T} \sum_{i \in \mathcal{N}} E[p_i(t)] \leqslant \Phi(\lambda + \epsilon) + \frac{\sum_{i \in \mathcal{N}} \sum_{k \in \mathcal{K}} (B_i^k + C_i^k) + D}{\epsilon} \tag{5-28}$$

$$\lim_{T \to \infty} \frac{1}{T} \sum_{t=0}^{T} \sum_{i \in \mathcal{N}} E[Q_i^k(t) + Z_i^k(t) + W(t)]$$

$$\leqslant \frac{\sum_{i \in \mathcal{N}} \sum_{k \in \mathcal{K}} (B_i^k + C_i^k) + D}{\epsilon} + \frac{\gamma[\Phi(\lambda + \epsilon) - \bar{p}]}{\epsilon} \tag{5-29}$$

式中，$B_i^k = E[(A_i^k(u))]^2 + E[b_i^{k,C}(u)r_i(u) + b_i^{k,L}(u)f_{i,u}/c^k)^2]$；$C_i^k = E[(A_i^k(u)c^k)^2] + E[b_i^{k,C}(u)r_i(u)c^k + b_i^{k,L}(u)f_{i,u})^2]$；$D = (f_s)^2 + \left\{ \sum_{k \in \mathcal{K}} \sum_{i \in \mathcal{N}} [b_i^{k,C}(u)r_i(u)c^k]^2 \right\}$；$\lambda = \{\lambda_i^k, \forall k \in \mathcal{K}, \forall i \in \mathcal{N}\}$；$\epsilon = \min\{\epsilon_i^{k,Q}, \epsilon_i^{k,Z}, 2\epsilon^W\}, \forall i \in \mathcal{N}, k \in \mathcal{K}$，其中 $\epsilon^W = \sum_{k \in \mathcal{K}} \sum_{i \in \mathcal{N}} E[b_i^{k,C}(u)r_i(u)c^k] - f_s$，$\epsilon_i^{k,Z} = \lambda_i^k c^k - E[b_i^{k,C}(u)r_i(u)c^k] - E[b_i^{k,L}(u)f_u]$，$\epsilon_i^{k,Q} = \lambda_i^k - E[b_i^{k,C}(u)r_i(u)] - E[b_i^{k,L}(u)f_u/c^k]$；$\epsilon = \epsilon I$，$I$ 是单位矩阵，和 λ 有相同的秩；$\Phi(\lambda + \epsilon)$ 表示进入速率向量在这种平均时的最小能耗。

证明：

分别考虑用户数据队列的 Lyapunov 偏移、计算队列的 Lyapunov 偏移，以及 MEC 服务器中计算队列的 Lyapunov 偏移。

对于用户数据队列 $Q_i^k(u)$，从 $t = 0$ 到 $T - 1$ 对其 Lyapunov 偏移的期望求和，即

$$\sum_{t=0}^{T-1} E\{\Delta L[Q_i^k(u)]\} = TB_i^k - \epsilon_i^{k,Q} \sum_{t=0}^{T-1} Q_i^k(u) \tag{5-30}$$

式中，$\epsilon_i^{k,Q} = \lambda_i^k - E[b_i^{k,C}(u)r_i(u)] - E[b_i^{k,L}(u)f_u/c^k]$。可得

$$\lim_{T \to \infty} \frac{1}{T} \sum_{t=0}^{T-1} Q_i^k(u) = \frac{B_i^k}{\epsilon_i^{k,Q}} \tag{5-31}$$

对于用户计算队列 $Z_i^k(u)$，从 $t=0$ 到 $T-1$ 对其 Lyapunov 偏移的期望求和，即

$$\sum_{t=0}^{T-1} E\{\Delta L(Z_i^k(u))\} = TC_i^k - \epsilon_i^{k,Z} \sum_{t=0}^{T-1} Z_i^k(u) \tag{5-32}$$

式中，$\epsilon_i^{k,Z} = \lambda_i^k c^k - E[b_i^{k,C}(u)r_i(u)c^k] - E[b_i^{k,L}(u)f_u]$。可得

$$\lim_{T\to\infty} \frac{1}{T} \sum_{t=0}^{T-1} Z_i^k(u) = \frac{C_i^k}{\epsilon_i^{k,Z}} \tag{5-33}$$

对于 MEC 服务器的计算队列 $W(u)$，从 $t=0$ 到 $T-1$ 对其 Lyapunov 偏移的期望求和，即

$$\sum_{t=0}^{T-1} E\{\Delta L[W(u)]\} = TD - 2\epsilon^W \sum_{t=0}^{T-1} W(u) \tag{5-34}$$

式中，$\epsilon^W = \sum_{k\in\mathcal{K}}\sum_{i\in\mathcal{N}} E[b_i^{k,C}(u)r_i(u)c^k] - f_s$。可得

$$\lim_{T\to\infty} \frac{1}{T} \sum_{t=0}^{T-1} W(u) = \frac{D}{2\epsilon^W} \tag{5-35}$$

定义

$$\epsilon = \min\{\epsilon_i^{k,Q}, \epsilon_i^{k,Z}, 2\epsilon^W\}, \quad \forall i\in\mathcal{N}, k\in\mathcal{K} \tag{5-36}$$

将式（5-36）代入式（5-30）、式（5-32）和式（5-34），并对这几个式子进行求和，可以得到式（5-29）。证毕。

算法 5-1 提供了 MEC 系统的随机资源分配算法的伪代码。该算法在每个时隙的开始时执行。在伪代码中，第 2～3 行用于初始化，第 4～8 行用于优化分配资源以实现 MEC 系统的稳定性，第 9 行用于更新下一个时隙的资源分配队列。

算法 5-1　MEC 系统的随机资源分配算法

1: **loop**

2:　　观察参数 $S_i(u)$ 以及 $Z_i^k(u)$、$Q_i^k(u)$ 和 $W(u)$

3:　　选择一个合适的参数 γ

4：	计算卸载最优的任务-用户对［见式（5-22）］
5：	计算最优的卸载能量［见式（5-23）］
6：	**for** i=1 到 N **do**
7：	计算最优的本地计算任务［见式（5-24）］
8：	**end for**
9：	对式（5-2）、式（5-3）和式（5-4）进行更新
10：	**end loop**

在复杂度方面，算法 5-1 具有理想的复杂度 $O(NK)$，复杂度是由第 4 行比较每个任务和每个用户所带来的。如此低的复杂度使得 MEC 系统的随机资源分配算法可应用于具有不同业务模型和业务速率分布的场景。

5.4 缓存受限时的时延分析

定理 2 给出了基于 Lyapunov 优化的平均队列长度上界，但仍然有必要获得更准确的时延性能估计，特别是对于用户和 MEC 服务器的缓存都有限的情况。本节将分析 MEC 系统的随机资源分配算法的时延性能，将随机队列长度建模为一个离散时间控制的随机游走过程，并将其转化为具有强逼近反射的连续时间随机微分方程（SDE）。根据 SDE 的稳态分析，可推导出队列长度的闭式稳态分布，从而得到平均时延性能。

为了描述队列的稳态分布，定义用户数据队列 $Q_i^k(u)$ 的到达/离开的累计数据为

$$E_i^k(u) = \sum_u b_i^{k,C}(u)\log_2\left\{\frac{S_i(u)[Q_i^k(u) + Z_i^k(u)c^k - 2W(u)c^k]}{\gamma\ln 2}\right\}+ \\ \sum_u \frac{f_u}{b_i^{k,C}(u)c^k} \tag{5-37}$$

$$F_i^k(u) = \sum_u A_i^k(u) \tag{5-38}$$

由于缓存空间是有限的，如果队列长度高于阈值 Q_{max}，那么到达的数据将超出缓冲区，称为数据溢出；如果到达的数据不足以进行处理，即队列是空的，

称为计算浪费。计算浪费和数据溢出分别表示为 $G_i^k(u)$ 和 $H_i^k(u)$，即

$$G_i^k(u) = \max\{0, -\min_{v \leqslant u}[Q_i^k(0) + F_i^k(v) - E_i^k(v) - H_i^k(v)]\} \tag{5-39}$$

$$H_i^k(u) = \max\{0, \max_{v \leqslant u}[Q_i^k(0) + F_i^k(v) - E_i^k(v) + G_i^k(v)] - Q_{\max}\} \tag{5-40}$$

式中，$G_i^k(0) = H_i^k(0) = 0$。注意到，$G_i^k(u)$ 和 $H_i^k(u)$ 分别是关于用户数据队列长度下限 $Q_i^k(u) = 0$ 以及数据队列长度上限 $Q_i^k(u) = Q_{\max}$ 弱逼近反射过程。

定义 MEC 服务器数据队列 $V(u)$ 的离开/到达的累计数据为

$$J(u) = \sum_u \frac{f_s}{b_s^k(u)c^k} \tag{5-41}$$

$$K(u) = \sum_{u,i,k} b_i^{k,C} \log_2 \left\{ \frac{S_i(u)[Q_i^k(u) + Z_i^k(u)c^k - 2W(u)c^k]}{\gamma \ln 2} \right\} \tag{5-42}$$

计算浪费和数据溢出的定义 $L(u)$ 和 $M(u)$ 为

$$L(u) = \max\{0, -\min_{v \leqslant u}[V(0) + K(v) - J(v) - M(v)]\} \tag{5-43}$$

$$M(u) = \max\{0, \max_{v \leqslant u}[V(0) + K(v) - J(v) + L(v)] - V_{\max}\} \tag{5-44}$$

式中，$L(0) = M(0) = 0$。注意到 $L(u)$ 和 $M(u)$ 分别是关于 MEC 服务器数据队列长度下限 $V(u) = 0$ 以及数据队列长度上限 $V(u) = V_{\max}$ 弱逼近反射过程。

为了计算平均时延，需要表征 $V(u)$ 和 $Q_i^k(u)$ 的稳态分布以及相关的反射过程 $G_i^k(u)$、$H_i^k(u)$ 和 $L(u)$、$M(u)$。然而，对于上述复杂的随机游走过程，没有已知的闭式稳态分布。

为了克服这个挑战，本节将离散时间随机游走过程逼近为连续时间随机过程，以便在分析中连续采用微积分技术。基于 $E_i^k(u)$、$F_i^k(u)$、$G_i^k(u)$、$H_i^k(u)$、$J(u)$、$K(u)$、$L(u)$ 和 $M(u)$ 的定义，首先分别重写 $Q_i^k(u)$ 和 $V(u)$，即

$$Q_i^k(u) = Q_i^k(0) - [E_i^k(u) - G_i^k(u)] + [F_i^k(u) - H_i^k(u)] \tag{5-45}$$

$$V(u) = V(0) - [J(u) - L(u)] + [K(u) - M(u)] \tag{5-46}$$

通过定理 4 可得到数据队列的强逼近。

定理 4：强逼近定理

存在一个强逼近 $\widetilde{q}_i^k(u)$ 可以逼近数据队列的 $Q_i^k(u)$ 和 $\tilde{v}(u)$，从而逼近 MEC 服务器数据队列的 $V(u)$。

（1）

$$\widetilde{q}_i^k(u) \overset{\mathrm{d}}{=} Q_i^k(u) \tag{5-47}$$

$$\tilde{v}(u) \overset{\mathrm{d}}{=} V(u) \tag{5-48}$$

式中，$X \overset{\mathrm{d}}{=} Y$ 表示 X 和 Y 有相同的概率分布。

（2）

$$
\begin{aligned}
\widetilde{q}_i^k(u) = \widetilde{q}_i^k(0) - &\left\{ E\left\{ b_i^{k,C}(u)\log_2\left\{ \frac{S_i(u)[Q_i^k(u)+Z_i^k(u)c^k-2W(u)c^k]}{\gamma\ln 2} \right\} + \right.\right. \\
&\left.\left. \frac{f_s}{b_s^k(u)c^k} \right\} - \lambda_i^k \right\} + \sigma_i^k B(u) + g_i^k(u) - h_i^k(u) + o(\sqrt{u})
\end{aligned}
\tag{5-49}
$$

当 $u \to \infty$ 时，σ_i^k 是随机进入过程 $A_i^k(u)$ 的方差，$B(u)$ 是标准布朗运动过程。$g_i^k(u)$ 和 $h_i^k(u)$ 由以下等式唯一确定：

$$
\begin{aligned}
g_i^k(u) = \max\left\{ 0, -\min_{v\leqslant u}\left\{ \widetilde{q}_i^k(0) - E\left\{ b_i^{k,C}(u)\log_2\left\{ \frac{S_i(u)[Q_i^k(u)+Z_i^k(u)c^k-2W(u)c^k]}{\gamma\ln 2} \right\} + \right.\right.\right.\right. \\
\left.\left.\left.\left. \frac{f_s}{b_s^k(u)c^k} \right\} - \lambda_i^k + \sigma_i^k B(v) - h_i^k(v) \right\} \right\}
\end{aligned}
$$

$$\tag{5-50}$$

$$
\begin{aligned}
h_i^k(u) = \max\left\{ 0, -\min_{v\leqslant u}\left\{ \widetilde{q}_i^k(0) - E\left\{ b_i^{k,C}(u)\log_2\left\{ \frac{S_i(u)[Q_i^k(u)+Z_i^k(u)c^k-2W(u)c^k]}{\gamma\ln 2} \right\} + \right.\right.\right.\right. \\
\left.\left.\left.\left. \frac{f_s}{b_s^k(u)c^k} \right\} - \lambda_i^k + \sigma_i^k B(v) - g_i^k(v) \right\} \right\}
\end{aligned}
$$

$$\tag{5-51}$$

式中，　$g_i^k(0) = h_i^k(0) = 0$．

（3）

$$\tilde{v}(u) = \tilde{v}(0) + \left\{ \sum_{i,k} E \left\{ b_i^{k,C}(u) \log_2 \left\{ \frac{S_i(u)[Q_i^k(u) + Z_i^k(u)c^k - 2W(u)c^k]}{V \ln 2} \right\} - \frac{f_s}{b_s^k(u)c^k} \right\} \right\} + l(u) - m(u) + o(\sqrt{u}) \tag{5-52}$$

当 $u \to \infty$ 时，$l(u)$ 和 $m(u)$ 由以下等式唯一确定：

$$l(u) = \max \left\{ 0, -\min_{v \leqslant u} \left\{ \tilde{v}(0) + \left\{ \sum_{i,k} E \left\{ b_i^{k,C}(u) \log_2 \left\{ \frac{S_i(u)[Q_i^k(u) + Z_i^k(u)c^k - 2W(u)c^k]}{\gamma \ln 2} \right\} - \frac{f_s}{b_s^k(u)c^k} - m_i^k(v) \right\} \right\} \right\} \right\} \tag{5-53}$$

$$m(u) = \max \left\{ 0, \max_{v \leqslant u} \left\{ \tilde{v}(0) + \left\{ \sum_{i,k} E \left\{ b_i^{k,C}(u) \log_2 \left\{ \frac{S_i(u)[Q_i^k(u) + Z_i^k(u)c^k - 2W(u)c^k]}{\gamma \ln 2} \right\} - \frac{f_s}{b_s^k(u)c^k} \right\} \right\} + l(v) \right\} - V_{\max} \right) \tag{5-54}$$

式中，$l(0) = m(0) = 0$。

证明：

为了得到队列 $Q_i^k(u)$ 和 $V(u)$ 的强逼近，下面引入强逼近[31-32]。

（1）$E_i^k(u)$、$F_i^k(u)$、$J(u)$ 和 $K(u)$ 的逼近。

引理 1　强逼近

令 $\{\xi_v : v \geqslant 1\}$ 是一系列独立同分布的随机变量，其中 $\mathrm{Var}[\xi_v] < \infty$；令 $X(0) = 0$

和 $X(u) = \sum_{v=1}^{u} \xi_v$，则存在一个支持序列的概率空间 $\{X'(u) : u > 0\}$ 以及一个标准布朗运动 B，使得

① $X' \overset{\mathrm{d}}{=\!=} X$ 。

② 当 $u \to \infty$ 时，$X'(i) = uE[X] + \sqrt{\mathrm{Var}[X]}B(u) + o(\sqrt{u})$ 。

前文在 $G_i^k(u)$ 和 $H_i^k(u)$ 中已经考虑边界效应，下面考虑没有边界 0 和 $Q_{\max}$ 时的到达和离开过程。在不考虑边界效应时，有 $E[F_i^k(u)] = \lambda_i^k$ 和 $\sqrt{\mathrm{Var}[F_i^k(u)]} = \sigma_i^k$，其中 σ_i^k 是到达过程 $A_i^k(u)$ 的方差。

前文在 $L(u)$ 和 $M(u)$ 中已经考虑边界效应，下面考虑没有边界 0 和 $V_{\max}$ 时的到达和离开过程。在不考虑边界效应时，有 $E[J(u)] = E\left[\dfrac{f_s}{b_s^k(u)c^k}\right]$ 和 $\sqrt{\mathrm{Var}[J(u)]} = 0$ 。

由于 $E_i^k(u)$ 和 $K(u)$ 并不是独立同分布的，而是状态相关的，所以它们并不完全符合引理 1 中的条件。下面在引理 2 中分析状态依赖的偏移。

引理 2　状态依赖的偏移

令 $X(u) = \sum_{v=1}^{u} \xi_v$，其中 ξ_v 是独立随机变量，其均值是 $m[\pi(v)]$，$\pi(v)$ 是第 v 阶控制变量。如果 $m[\pi(\cdot)]$ 是 $\pi(\cdot)$ 的 Lipchitz 连续变量，则存在支持序列的概率空间 $\{X'(u) : u > 0\}$，以及一个标准布朗运动 B，使得

① $X' \overset{\mathrm{d}}{=\!=} X$ ；

② 当 $u \to \infty$ 时，$X'(u) = \int_0^u m[\pi(j)]\mathrm{d}j + \sqrt{\mathrm{Var}[X]}B(u) + o(\sqrt{u})$ 。

证明：

把控制空间 Π 分成 K 个小组 $\{\Pi_1, \Pi_2, \cdots, \Pi_K\}$，$\Pi = \bigcup_{k=1}^{K} \Pi_k$。如果 $\pi(v)$ 在 $v \in [0, u]$ 内连续，则可以把控制路径 $\{\pi(v) : v \in [0, u]\}$ 分成 K 个集合 $\{\mathcal{T}_1, \mathcal{T}_2, \cdots, \mathcal{T}_K\}$，其中 $\pi(j) \in \Pi_k$，$\forall j \in \mathcal{T}_K$。令 π_k 作为 $\pi \in \Pi_k$ 的代表，使得 $|\pi - \pi_k| = o(1/K), \forall \pi \in \Pi_k$。

对于任何给定的 K，偏移项是

$$\sum_{k=1}^{K}\sum_{v\in\mathcal{T}_k}\xi_v \rightarrow \sum_{k=1}^{K}\int_{\mathcal{T}_k}m(\pi_k)\mathrm{d}v + uo(1/K) \qquad (5\text{-}55)$$

当 $u\rightarrow\infty$ 时，最后一项是取决于 ξ_v，它是独立同分布，最多至 $o(1/K)$。对于 $v\in\mathcal{T}_k$，引理 1 可以用于每个 $\mathcal{T}_k$。这是因为当 $u\rightarrow\infty$ 时，$v\rightarrow\infty$，由于 $m[\pi(\cdot)]$ 是 Lipchitz 连续的，因此 $K\rightarrow\infty$ 时的时间尺度比 u 大，可得到偏移项 $\int_0^u m[\pi(v)]\mathrm{d}v$，从而可将引理 1 推广到状态依赖的受控随机游走过程的情况。证毕。

由于 $E\left\{b_i^{k,C}(u)\log_2\left\{\dfrac{[Q_i^k(u)+Z_i^k(u)c^k-2W(u)c^k]}{\gamma\ln 2}\right\}+\dfrac{f_u}{b_i^{k,C}(u)c^k}\right\}$ 对于 $Q_i^k(u)$、$Z_i^k(u)$ 和 $W(u)$ 是 Lipchitz 连续的，根据引理 2 以及所有队列都是稳定的，可得

$$E[E_i^k(u)]=E\left\{b_i^{k,C}(u)\log_2\left\{\frac{S_i(u)[Q_i^k(u)+Z_i^k(u)c^k-2W(u)c^k]}{\gamma\ln 2}\right\}+\frac{f_u}{b_i^{k,C}(u)c^k}\right\}$$

$$\sqrt{\mathrm{Var}[E_i^k(u)]}=0$$

$$E[K(u)]=\sum_{i,k}E\left\{b_i^{k,C}(u)\log_2\left\{\frac{S_i(u)[Q_i^k(u)+Z_i^k(u)c^k-2W(u)c^k]}{\gamma\ln 2}\right\}\right\}$$

$$\sqrt{\mathrm{Var}[K(u)]}=0$$

（2）$G_i^k(u)$、$H_i^k(u)$、$L(u)$ 和 $M(u)$ 的逼近。

通过引理 3 可得到 $G_i^k(u)$、$H_i^k(u)$、$L(u)$ 和 $M(u)$ 的逼近。

引理 3　反射过程的连续映射

利用 $E_i^k(u)$、$F_i^k(u)$、$J(u)$ 和 $K(u)$ 的逼近，可得

$$G_i^k(u)\overset{\mathrm{d}}{=\!=}g_i^k(u)+o(\sqrt{u})$$

$$H_i^k(u)\overset{\mathrm{d}}{=\!=}h_i^k(u)+o(\sqrt{u})$$

$$L(u)\overset{\mathrm{d}}{=\!=}l(u)+o(\sqrt{u})$$

$$M(u) \overset{\mathrm{d}}{=\!=} m(u) + o(\sqrt{u})$$

式中，$g_i^k(u)$、$h_i^k(u)$、$l(u)$ 和 $m(u)$ 满足式（5-53）和式（5-54）。

证明：

重写 $G_i^k(u)$、$H_i^k(u)$、$L(u)$ 和 $M(u)$，即

$$G_i^k(u) = \Gamma_{G_i^k}(S^u, H_i^k)(u), \quad H_i^k(u) = \Gamma_{H_i^k}(S^u, G_i^k)(u) \tag{5-56}$$

$$L(u) = \Gamma_L(S^s, M)(u), \quad M(u) = \Gamma_M(S^s, L)(u) \tag{5-57}$$

式中，

$$\Gamma_{G_i^k} : \mathcal{D}([0,u),[0,R]) \times \mathcal{D}([0,u),R) \to \mathcal{D}([0,u),R)$$

$$\Gamma_{H_i^k} : \mathcal{D}([0,u),[0,R]) \times \mathcal{D}([0,u),R) \to \mathcal{D}([0,u),R)$$

$$\Gamma_L : \mathcal{D}([0,u),[0,R]) \times \mathcal{D}([0,u),R) \to \mathcal{D}([0,u),R)$$

$$\Gamma_M : \mathcal{D}([0,u),[0,R]) \times \mathcal{D}([0,u),R) \to \mathcal{D}([0,u),R)$$

其中 ":" 右边记为 Skorokhod 映射。根据文献[33]可知，$\Gamma_{G_i^k}$、$\Gamma_{H_i^k}$、Γ_L 和 Γ_M 是连续映射。根据引理 1 和引理 2，可得

$$
\begin{aligned}
S^u(u) \overset{\mathrm{d}}{=\!=} s^u(u) + o(\sqrt{u}) \\
= -\left\{ E\left\{ b_i^{k,C}(u) \log_2 \left\{ \frac{S_i(u)[Q_i^k(u) + Z_i^k(u)c^k - 2W(u)c^k]}{\gamma \ln 2} \right\} \right. \right. \\
\left. \left. + \frac{f_u}{b_i^{k,C}(u)c^k} \right\} - \lambda_i^k \right\} + \sigma_i^k B(u) + o(\sqrt{u})
\end{aligned}
\tag{5-58}
$$

$$
\begin{aligned}
S^s(u) \overset{\mathrm{d}}{=\!=} s^s(u) + o(\sqrt{u}) \\
= \sum_{i,k} E\left\{ b_i^{k,C}(u) \log_2 \left\{ \frac{S_i(u)[Q_i^k(u) + Z_i^k(u)c^k - 2W(u)c^k]}{\gamma \ln 2} \right\} - \frac{f_s}{b_s^k(u)c^k} \right\} \\
+ o(\sqrt{u})
\end{aligned}
\tag{5-59}
$$

利用连续映射性质[34]和引理 3，可得

$$g_i^k(u) = \Gamma_Z(s^u, h_i^k)(u)$$
$$h_i^k(u) = \Gamma_W(s^u, g_i^k)(u)$$
$$l(u) = \Gamma_Z(s^s, m)(u)$$
$$m(u) = \Gamma_W(s^s, l)(u)$$

（5-60）

这样就可得到定理 4 中的式（5-53）和式（5-54）。

最后，根据引理 1、引理 2 和引理 3，可得

$$Q_i^k(u) \overset{\mathrm{d}}{=\!=} \widetilde{q_i^k}(u)$$

（5-61）

$$\widetilde{q_i^k}(u) = \widetilde{q_i^k}(0) - \left\{ E\left\{ b_i^{k,C}(u)\log_2\left\{ \frac{S_i(u)[Q_i^k(u) + Z_i^k(u)c^k - 2W(u)c^k]}{\gamma\ln 2} \right\} + \right.\right.$$
$$\left.\left. \frac{f_u}{b_i^{k,C}(u)c^k} \right\} - \lambda_i^k \right\} + \sigma_i^k B(u) + g_i^k(u) - h_i^k(u) + o(\sqrt{u})$$

（5-62）

$$V(u) \overset{\mathrm{d}}{=\!=} \tilde{v}(u)$$

（5-63）

$$\tilde{v}(u) = \tilde{v}(0) + \sum_{i,k} E\left\{ b_i^{k,C}(u)\log_2\left\{ \frac{S_i(u)[Q_i^k(u) + Z_i^k(u)c^k - 2W(u)c^k]}{\gamma\ln 2} \right\} \right.$$
$$\left. - \frac{f_s}{b_s^k(u)c^k} \right\} + l(u) - m(u) + o(\sqrt{u})$$

（5-64）

当 $u \to \infty$ 时，$B(u)$ 是标准布朗运动过程。

注记 1：

强逼近队列轨迹 $\widetilde{q_i^k}(u)$ 的随机性是由于其是随机到达过程。另外，反射过程 $g_i^k(u)$ 和 $h_i^k(u)$ 确保队列 $\widetilde{q_i^k}(u)$ 位于区间 $[0, Q_{\max}]$，反射进程 $l(u)$ 和 $m(u)$ 确保队列 $\tilde{v}(u)$ 位于区间 $[0, V_{\max}]$。通过反射过程 $g_i^k(u)$、$h_i^k(u)$、$l(u)$ 和 $m(u)$，可以分析 $Q_i^k(u)$ 和 $V(u)$ 在没有边界效应的情况，并和反射过程分开单独进行处理，这使得问题得到简化。

　　根据定理 4 可知，使用 $q_i^k(u)$ 和 $v(u)$ 可以逼近原始数据队列 $Q_i^k(u)$ 和 $V(u)$，从而得出强逼近队列 $q_i^k(u)$ 和 $v(u)$ 的稳态分布。强逼近队列的随机微分方程（SDE）为

$$
\begin{aligned}
\mathrm{d}q_i^k(u) = -\Bigg\{ & E\left\{ b_i^{k,C}(u)\log_2\left\{ \frac{S_i(u)[Q_i^k(u)+Z_i^k(u)c^k-2W(u)c^k]}{\gamma\ln 2} \right\} \right. \\
& \left. + \frac{f_u}{b_i^{k,C}(u)c^k} \right\} - \lambda_i^k \Bigg\} + \sigma_i^k \mathrm{d}B(u) + \mathrm{d}g_i^k(u) - \mathrm{d}h_i^k(u)
\end{aligned}
\tag{5-65}
$$

$$
\begin{aligned}
\mathrm{d}v(u) = \Bigg\{ & \sum_{i,k} E\left\{ b_i^{k,C}(u)\log_2\left\{ \frac{S_i(u)[Q_i^k(u)+Z_i^k(u)c^k-2W(u)c^k]}{\gamma\ln 2} \right\} \right. \\
& \left. - \frac{f_s}{b_s^k(u)c^k} \right\} + \mathrm{d}l(u) - \mathrm{d}m(u)
\end{aligned}
\tag{5-66}
$$

　　由于本章提出的资源分配算法依赖于用户和 MEC 服务器的队列，因此得到的稳态分布应该服从所有队列的联合稳态分布。

　　令 $f_\infty^{q_i^k,v}(e)$ 是 $q_i^k(u)$ 和 $v(u)$ 的联合稳态分布概率，为了得到 $f_\infty^{q_i^k,v}(e)$，将 Fokker Planck 公式[35]用于式（5-65）和式（5-66），可得

$$
\begin{aligned}
\mathrm{d}q_i^k(u) = -\Bigg\{ & E\left\{ b_i^{k,C}(u)\log_2\left\{ \frac{S_i(u)[Q_i^k(u)+Z_i^k(u)c^k-2W(u)c^k]}{\gamma\ln 2} \right\} + \frac{f_u}{b_i^{k,C}(u)c^k} \right\} - \lambda_i^k \Bigg\} \\
& + \sigma_i^k \mathrm{d}B(u)
\end{aligned}
\tag{5-67}
$$

$$
\mathrm{d}v(u) = \left\{ \sum_{i,k} E\left\{ b_i^{k,C}(u)\log_2\left\{ \frac{S_i(u)[Q_i^k(u)+Z_i^k(u)c^k-2W(u)c^k]}{\gamma\ln 2} \right\} - \frac{f_s}{b_s^k(u)c^k} \right\} \right\}
\tag{5-68}
$$

　　式（5-67）和式（5-68）都具有两个反射边界条件。下面在定理 5 中，使用 Fokker Planck 公式建立 SDE 的稳态分布。

定理 5：q_i^k 和 v 的联合稳态分布

　　强逼近队列过程 $q_i^k(u)$ 和 $v(u)$ 的联合稳态分布在式（5-66）中的 SDE 是

$$f_\infty(q_i^k, v) = \frac{e^{-\frac{2}{\sigma^2} \int \left\{ E\left\{ b_i^{k,C}(u) \log_2 \left\{ \frac{S_i(u)[q_i^k + z_i^k c^k - 2wc^k]}{\gamma \ln 2} \right\} c^k + \frac{f_u}{b_i^{k,C}(u)c^k} \right\} - \lambda_i^k \right\} dq_i^k}}{\int_0^{V_{max}} \int_0^{Q_{max}} e^{-\frac{2}{\sigma^2} \int \left\{ E\left\{ b_i^{k,C}(u) \log_2 \left\{ \frac{S_i(u)[q_i^k + z_i^k c^k - 2wc^k]}{\gamma \ln 2} \right\} c^k + \frac{f_u}{b_i^{k,C}(u)c^k} \right\} - \lambda_i^k \right\} dq_i^k} dq_i^k dv} \tag{5-69}$$

证明：

定义 $f(q_i^k, v, u)$ 是 q_i^k 和 v 在时隙 u 的联合概率分布函数。式（5-66）的 Fokker Planck 公式为

$$\frac{\partial f(q_i^k, v, u)}{\partial u}$$

$$= \frac{\partial\left\{ E\left\{ b_i^{k,C}(u) \log_2 \left\{ \frac{S_i(u)[Q_i^k(u) + Z_i^k(u)c^k - 2W(u)c^k]}{\gamma \ln 2} + \frac{f_u}{b_i^{k,C}(u)c^k} \right\} \right\} - \lambda_i^k \right\} f(q_i^k, v, u)}{\partial q_i^k}$$

$$+ \frac{\sigma^2}{2} \frac{\partial^2 f(q_i^k, v, u)}{\partial (q_i^k)^2}, \qquad \forall q_i^k, v, u \tag{5-70}$$

$$\frac{\partial f(q_i^k, v, u)}{\partial u}$$

$$= \frac{\partial\left\{ \sum_{i,k} E\left\{ b_i^{k,C}(u) \log_2 \left\{ \frac{S_i(u)[Q_i^k(u) + Z_i^k(u)c^k - 2W(u)c^k]}{\gamma \ln 2} \right\} - \frac{f_s}{b_s^k(u)c^k} \right\} \right\} f(q_i^k, v, u)}{\partial v},$$

$$\forall q_i^k, v, u \tag{5-71}$$

式中，反射边界条件是 $q_i^k = 0$ 和 $q_i^k = Q_{max}$。

$$\left\{ E\left\{ b_i^{k,C}(u) \log_2 \left\{ \frac{S_i(u)[Q_i^k(u) + Z_i^k(u)c^k - 2W(u)c^k]}{\gamma \ln 2} \right\} + \frac{f_u}{b_i^{k,C}(u)c^k} \right\} - \lambda_i^k \right\}$$

$$f(q_i^k, v, u) + \frac{\sigma^2}{2} \left. \frac{\partial f(q_i^k, v, u)}{\partial q_i^k} \right|_{q_i^k = 0} = 0, \quad \forall u, v \tag{5-72}$$

$$\left\{ E\left\{ b_i^{k,C}(u)\log_2\left\{ \frac{S_i(u)[Q_i^k(u)+Z_i^k(u)c^k-2W(u)c^k]}{\gamma\ln 2}\right\} + \frac{f_u}{b_i^{k,C}(u)c^k}\right\} - \lambda_i^k \right\}$$

$$f(q_i^k,v,u)+\frac{\sigma^2}{2}\left.\frac{\partial f(q_i^k,v,u)}{\partial q_i^k}\right|_{q_i^k=Q_{\max}}=0,\quad \forall u,v \tag{5-73}$$

式中，反射边界条件 $v=0$ 和 $v=V_{\max}$。

$$\left\{ \sum_{i,k} E\left\{ b_i^{k,C}(u)\log_2\left\{ \frac{S_i(u)[Q_i^k(u)+Z_i^k(u)c^k-2W(u)c^k]}{\gamma\ln 2}\right\} - \frac{f_s}{b_s^k(u)c^k}\right\}\right\}$$

$$\left. f(q_i^k,v,u)\right|_{v=0}=0,\quad \forall u,q_i^k \tag{5-74}$$

$$\left\{ \sum_{i,k} E\left\{ b_i^{k,C}(u)\log_2\left\{ \frac{S_i(u)[Q_i^k(u)+Z_i^k(u)c^k-2W(u)c^k]}{\gamma\ln 2}\right\} - \frac{f_s}{b_s^k(u)c^k}\right\}\right\}$$

$$\left. f(q_i^k,v,u)\right|_{v=V_{\max}}=0,\quad \forall u,q_i^k \tag{5-75}$$

式中，两个反射边界条件通过将 $q_i^k=0$ 和 $q_i^k=Q_{\max}$ 处的概率通量分别设置为 $S_q(0,u)$ 和 $S_q(Q_{\max},u)$ 来保证 q_i^k 在区间 $[0,Q_{\max}]$，通过将 $v=0$ 和 $v=V_{\max}$ 处的概率通量分别设置为 $S_v(0,u)$ 和 $S_v(V_{\max},u)$ 来保证 v 在区间 $[0,V_{\max}]$。

q_i^k 和 v 的联合稳态分布函数是

$$f_\infty(q_i^k,v)=\lim_{u\to\infty} f(q_i^k,v,u) \tag{5-76}$$

为了找到稳态分布，将 $\dfrac{\partial f(q_i^k,v)}{\partial u}=0$ 代入式（5-76），可得

$$\frac{\partial\left\{ E\left\{ b_i^{k,C}(u)\log_2\left[\dfrac{S_i(u)(q_i^k+z_i^k c^k-2wc^k)}{\gamma\ln 2}\right] + \dfrac{f_u}{b_i^{k,C}(u)c^k}\right\} - \lambda_i^k\right\} f(q_i^k,v)_\infty}{\partial q_i^k} \tag{5-77}$$

$$+\frac{\sigma^2}{2}\frac{\partial^2 f(q_i^k,v)}{\partial (q_i^k)^2}=0,$$

$$\frac{\partial\left\{\sum_{i,k}E\left\{b_i^{k,C}(u)\log_2\left[\dfrac{S_i(u)(q_i^k+z_i^kc^k-2wc^k)}{\gamma\ln 2}\right]-\dfrac{f_s}{b_s^k(u)c^k}\right\}\right\}f(q_i^k,v)_\infty}{\partial v}=0 \quad（5\text{-}78）$$

对上面的常微分方程（ODE）进行积分，可得

$$\left\{E\left\{b_i^{k,C}(u)\log_2\left[\frac{S_i(u)(q_i^k+z_i^kc^k-2wc^k)}{\gamma\ln 2}\right]+\frac{f_u}{b_i^{k,C}(u)c^k}\right\}-\lambda_i^k\right\}f(q_i^k,v)_\infty$$

$$+\frac{\sigma^2}{2}\frac{\partial f(q_i^k,v)}{\partial(q_i^k)}=S_q \quad（5\text{-}79）$$

$$\left\{\sum_{i,k}E\left\{b_i^{k,C}(u)\log_2\left[\frac{S_i(u)(q_i^k+z_i^kc^k-2wc^k)}{\gamma\ln 2}\right]-\frac{f_s}{b_s^k(u)c^k}\right\}\right\}f(q_i^k,v)_\infty=S_v \quad（5\text{-}80）$$

式中，常数 S_q 和 S_v 是概率通量，它们对于所有的 q_i^k 和 v 都相同。反射边界条件也满足稳态，即 $S_q(0)=S_q(Q_{\max})=0$ 和 $S_v(0)=S_v(V_{\max})=0$，$S_q=S_v=0$，因此 ODE 可以重写为

$$\left\{E\left\{b_i^{k,C}(u)\log_2\left[\frac{S_i(u)(q_i^k+z_i^kc^k-2wc^k)}{\gamma\ln 2}\right]+\frac{f_u}{b_i^{k,C}(u)c^k}\right\}-\lambda_i^k\right\}f(q_i^k,v)_\infty$$

$$+\frac{\sigma^2}{2}\frac{\partial f(q_i^k,v)}{\partial(q_i^k)}=0 \quad（5\text{-}81）$$

$$\left\{\sum_{i,k}E\left\{b_i^{k,C}(u)\log_2\left[\frac{S_i(u)(q_i^k+z_i^kc^k-2wc^k)}{\gamma\ln 2}\right]-\frac{f_s}{b_s^k(u)c^k}\right\}\right\}f(q_i^k,v)_\infty=0 \quad（5\text{-}82）$$

求解上面的 ODE，可得

$$f_\infty(q_i^k,v)=Ce^{-\frac{2}{\sigma^2}\int\left\{E\left\{b_i^{k,C}(u)\log_2\left[\frac{S_i(u)(q_i^k+z_i^kc^k-2wc^k)}{\gamma\ln 2}\right]+\frac{f_u}{b_i^{k,C}(u)c^k}\right\}-\lambda_i^k\right\}\mathrm{d}q_i^k} \quad（5\text{-}83）$$

$$\sum_{i,k}E\left\{b_i^{k,C}(u)\log_2\left[\frac{S_i(u)(q_i^k+z_i^kc^k-2wc^k)}{\gamma\ln 2}\right]-\frac{f_s}{b_s^k(u)c^k}\right\}=0 \quad（5\text{-}84）$$

式（5-84）表示 MEC 服务器的数据队列的稳定性，即平均到达速率等于平均离开速率。常数 C 可以通过概率的归一化得到，即

$$\int_0^{V_{\max}} \int_0^{Q_{\max}} f_\infty(q_i^k, v) \mathrm{d}q_i^k \mathrm{d}v = 1 \tag{5-85}$$

通过求解上面的方程，可得

$$C = \cfrac{1}{\displaystyle\int_0^{V_{\max}} \int_0^{Q_{\max}} \mathrm{e}^{-\frac{2}{\sigma^2}\int\left\{E\left\{b_i^{k,C}(u)\log_2\left[\frac{S_i(u)(q_i^k+z_i^k c^k-2wc^k)}{\gamma\ln 2}\right]+\frac{f_u}{b_i^{k,C}(u)c^k}\right\}-\lambda_i^k\right\}\mathrm{d}q_i^k} \mathrm{d}q_i^k \mathrm{d}v} \tag{5-86}$$

将式（5-86）代入式（5-83）和式（5-84），可得到 $f_\infty(q_i^k, v)$ 的稳态概率分布。

基于定理 5 中的强逼近队列 q_i^k 和 v 的联合稳态分布，定理 6 给出了平均时延。

定理 6　平均时延性能

每个用户的每个任务的平均时延满足

$$T_i^{k,\mathrm{ave}} = \int_0^{Q_{\max}} \int_0^{V_{\max}} \frac{E[b_i^{k,C}](q_i^k+v) + E[b_i^{k,L}](q_i^k)}{\lambda_i^k} \times$$

$$\cfrac{\mathrm{e}^{-\frac{2}{\sigma^2}\int\left\{E\left\{b_i^{k,C}(u)\log_2\left[\frac{S_i(u)(q_i^k+z_i^k c^k-2wc^k)}{\gamma\ln 2}\right]+\frac{f_u}{b_i^{k,C}(u)c^k}\right\}-\lambda_i^k\right\}\mathrm{d}q_i^k}}{\displaystyle\int_0^{V_{\max}} \int_0^{Q_{\max}} \mathrm{e}^{-\frac{2}{\sigma^2}\int\left\{E\left\{b_i^{k,C}(u)\log_2\left[\frac{S_i(u)(q_i^k+z_i^k c^k-2wc^k)}{\gamma\ln 2}\right]+\frac{f_u}{b_i^{k,C}(u)c^k}\right\}-\lambda_i^k\right\}\mathrm{d}q_i^k} \mathrm{d}q_i^k \mathrm{d}v} \mathrm{d}v \mathrm{d}q_i^k \tag{5-87}$$

证明：

根据 Little 定理[29]，平均时延是平均队列长度除以平均进入速率。MEC 系统的平均时延可以分解为两部分，即本地计算时延或者计算卸载时延，分别为 $E[b_i^{k,L}]q_i^k$ 和 $E[b_i^{k,C}](q_i^k+v)$。证毕。

5.5 仿真结果

本节通过仿真来验证随机资源分配算法的性能。本节的仿真包括两个方面：首先分析随机资源分配算法的特点，包括队列稳定性和关键参数的影响；其次，对随机资源分配算法的性能与其他算法的性能进行比较。

图 5-2 仿真了 MEC 系统中所有队列的稳定性。用户将一部分计算任务卸载

到 MEC 服务器，用户队列和 MEC 服务器上的队列可以利用本章提出的算法来保持稳定。图 5-3 显示了平均时延的仿真值和计算值（根据定理 6 计算）之间的差异，从结果可以看出，这两个值是非常接近的，这验证了平均时延分析的准确性。图 5-4 仿真了参数 γ 的影响，表明平均队列长度随 γ 近似线性增长，这与定理 2 中的结果相当一致。通过调整 γ 可以调整功率，以满足平均功率的限制。

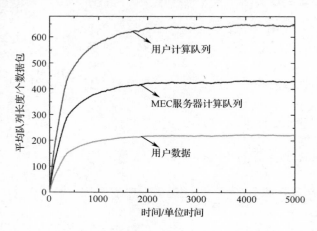

图 5-2　MEC 系统中所有队列的稳定性

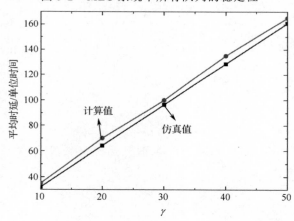

图 5-3　平均时延的仿真值和计算值之间的差异

图 5-5 到图 5-8 给出了本章算法的性能，并与以下三个算法进行了比较：

① Random Offloading（随机卸载算法）：用户随机将任务卸载到 MEC 服务器，包括仅依靠计算或数据队列的算法。

② Mobile Execution（移动执行）：用户只能在本地计算任务。

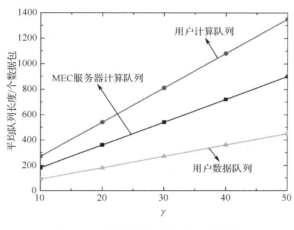

图 5-4　本章算法对参数 γ 的影响

③ MEC Execution（MEC 执行）：用户只能将任务卸载到 MEC 服务器进行计算。

本章算法的性能优于上述三种算法，因为本章算法动态地选择任务并分配卸载的功率。即使本章算法和随机卸载算法都允许动态地控制功率，但当负载很重时，即平均到达率大、计算量大、任务数量多时，二者的性能差距会很大。MEC 执行算法也允许动态地控制功率。由于传输高度依赖于信道质量，当信道质量足够好时（即图 5-6 中 0.45 以上），MEC 执行算法优于 Mobile 执行算法。Mobile 执行算法的性能比本章算法和随机卸载算法的性能差，这意味着通过结合计算卸载可以提高其性能。

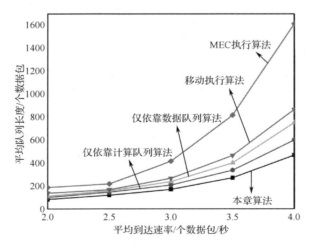

图 5-5　本章算法对平均到达速率的影响

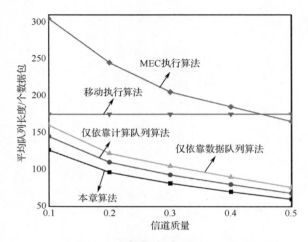

图 5-6　本章算法对信道质量的影响

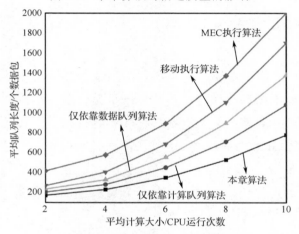

图 5-7　本章算法对平均计算体积的影响

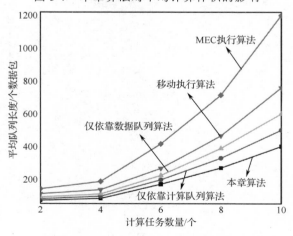

图 5-8　本章算法对任务数的影响

5.6 结论

本章为 MEC 系统的随机资源分配开发了一个分析框架，即通过建立双队列系统来获取数据大小和计算大小的组合效应。首先，利用 Lyapunov 优化得到了一种复杂度低的稳定资源分配算法。其次，为了得到用户和 MEC 服务器有限缓存的闭式时延性能，采用强逼近定理将队列动态的离散时间受控随机游走过程转化为带反射的连续时间随机微分方程。根据 SDE 的稳态分析，推导出了队列的闭式稳态分布，得到平均延迟性能。最后，对本章算法（随机资源分配算法）进行了仿真，并验证了平均时延分析的准确性，结果表明，本章算法的性能优于传统算法。

参考文献

[1] Mao Y, Zhang J, Letaief K B. Dynamic computation offloading for mobile-edge computing with energy harvesting devices[J]. IEEE Journal on Selected Areas in Communications, 2016, 34(12): 3590-3605.

[2] Fan B, Leng S, Yang K. A dynamic bandwidth allocation algorithm in mobile networks with big data of users and networks[J]. IEEE Network, 2016, 30(1): 6-10.

[3] Mao Y, Zhang J, Song S H, et al. Stochastic joint radio and computational resource management for multi-user mobile-edge computing systems[J]. IEEE Transactions on Wireless Communications, 2017, 16(9): 5994-6009.

[4] Chen X, Jiao L, Li W, et al. Efficient multi-user computation offloading for mobile-edge cloud computing[J]. IEEE/ACM Transactions on Networking, 2015, 24(5): 2795-2808.

[5] You C, Huang K, Chae H, et al. Energy-efficient resource allocation for mobile-edge computation offloading[J]. IEEE Transactions on Wireless Communications, 2016, 16(3): 1397-1411.

[6] Shi W, Cao J, Zhang Q, et al. Edge computing: Vision and challenges[J]. IEEE Internet of Things Journal, 2016, 3(5): 637-646.

[7] Tran T X, Hajisami A, Pandey P, et al. Collaborative mobile edge computing in 5G networks: New paradigms, scenarios, and challenges[J]. IEEE Communications Magazine, 2017, 55(4): 54-61.

[8] Corcoran P, Datta S K. Mobile-edge computing and the Internet of Things for consumers[J]. IEEE Consumer Electronics Magazine, 2016: 73-74.

[9] Neely M J. Stochastic network optimization with application to communication and queueing systems[M]. Berlin：Springer, 2022.

[10] Liu J, Mao Y, Zhang J, et al. Delay-optimal computation task scheduling for mobile-edge computing systems[C]// 2016 IEEE international symposium on information theory, 2016: 1451-1455.

[11] Lawler G F, Limic V. Random walk: a modern introduction[M]. Cambridge: Cambridge University Press, 2010.

[12] Feller W. An introduction to probability theory and its applications, Volume 1[M]. Hoboken, NJ: John Wiley & Sons, 1968.

[13] Wang W, Lau V K N. Delay-aware cross-layer design for device-to-device communications in future cellular systems[J]. IEEE Communications Magazine, 2014, 52(6): 133-139.

[14] Cui Y, Lau V K N, Wang R, et al. A survey on delay-aware resource control for wireless systems—Large deviation theory, stochastic Lyapunov drift, and distributed stochastic learning[J]. IEEE Transactions on Information Theory, 2012, 58(3): 1677-1701.

[15] Yeh E M. Multiaccess and fading in communication networks[D]. Cambridge: Massachusetts Institute of Technology, 2001.

[16] Bertsekas D. Dynamic programming and optimal control: Volume I[M]. Nashua, SH: Athena scientific, 2012.

[17] Huang D, Wang P, Niyato D. A dynamic offloading algorithm for mobile computing[J]. IEEE Transactions on Wireless Communications, 2012, 11(6): 1991-1995.

[18] Jiang Z, Mao S. Energy delay tradeoff in cloud offloading for multi-core mobile devices[J]. IEEE Access, 2015, 3: 2306-2316.

[19] Kosta S, Aucinas A, Hui P, et al. Thinkair: Dynamic resource allocation and parallel execution in the cloud for mobile code offloading[C]// 2012 Proceedings IEEE Infocom, 2012: 945-953.

[20] Sardellitti S, Scutari G, Barbarossa S. Joint optimization of radio and computational resources for multicell mobile-edge computing[J]. IEEE Transactions on Signal and Information Processing over Networks, 2015, 1(2): 89-103.

[21] Kumar N, Zeadally S, Rodrigues J J P C. Vehicular delay-tolerant networks for smart grid data management using mobile edge computing[J]. IEEE Communications Magazine, 2016, 54(10): 60-66.

[22] Mach P, Becvar Z. Mobile edge computing: A survey on architecture and computation offloading[J]. IEEE Communications Surveys and Tutorials, 2017, 19(3): 1628-1656.

[23] Zhu C, Leung V C M, Yang L T, et al. Collaborative location-based sleep scheduling for wireless sensor networks integratedwith mobile cloud computing[J]. IEEE Transactions on Computers, 2014, 64(7): 1844-1856.

[24] Satyanarayanan M, Bahl P, Caceres R, et al. The case for vm-based cloudlets in mobile computing[J]. IEEE Pervasive Computing, 2009, 8(4): 14-23.

[25] Zhang W, Wen Y, Guan K, et al. Energy-optimal mobile cloud computing under stochastic wireless channel[J]. IEEE Transactions on Wireless Communications, 2013, 12(9): 4569-4581.

[26] Kwak J, Kim Y, Lee J, et al. DREAM: Dynamic resource and task allocation for energy minimization in mobile cloud systems[J]. IEEE Journal on Selected Areas in Communications, 2015, 33(12): 2510-2523.

[27] Kim Y, Kwak J, Chong S. Dual-side dynamic controls for cost minimization in mobile cloud computing systems[C]// 2015 13th International Symposium on Modeling and Optimization in Mobile, Ad Hoc, and Wireless Networks, 2015: 443-450.

[28] Chen L, Villa O, Gao G R. Exploring fine-grained task-based execution on multi-GPU systems[C]// 2011 IEEE International Conference on Cluster Computing, 2011: 386-394.

[29] Rosenkrantz W A. Little's theorem: A stochastic integral approach[J]. Queueing Systems, 1992, 12: 319-324.

[30] Movassaghi S, Abolhasan M, Smith D, et al. AIM: Adaptive Internetwork interference mitigation amongst co-existing wireless body area networks[C]// 2014 IEEE Global Communications Conference, 2014: 2460-2465.

[31] Komlós J, Major P, Tusnády G. An approximation of partial sums of independent RV'-s, and the sample DF. I[J]. Zeitschrift für Wahrscheinlichkeitstheorie und verwandte Gebiete, 1975, 32: 111-131.

[32] Komlós J, Major P, Tusnády G. An approximation of partial sums of independent RV's, and the sample DF. II[J]. Zeitschrift FÜR Wahrscheinlichkeitstheorie Und Verwandte Gebiete, 1976, 34: 33-58.

[33] Kruk L, Lehoczky J, Ramanan K, et al. An explicit formula for the Skorokhod map on [0, a][J]. Annals of Probability, 2007, 35(5):1740-1768.

[34] Billingsley P. Convergence of probability measures[M]. Hoboken, NJ: John Wiley & Sons, 2013.

[35] Risken H, Risken H. Fokker-planck equation[M]. Berlin: Springer, 1996.

第 6 章
基于稳定性的内容边缘存储系统的
分布式转发和缓存策略研究

6.1 概述

6.1.1 内容边缘存储简介

无线业务和移动设备的快速扩张导致了无线通信系统流量的快速增加。为了缓解急速增加的网络负载，可以将热门内容缓存在基站（Base Station，BS）、中继站和移动设备上，从而允许用户从附近的缓存节点请求其期望的内容，以避免重复的内容传输[1-2]。作为 5G 的新兴技术之一，基于缓存的基础架构也引起了业界的广泛关注[3]。大量的理论和实验研究表明内容缓存可以显著提高系统性能。文献[4]研究了大规模无限缓存网络，推导出了具有分层传输树结构的网络容量区域。宏基站的分布式缓存可以有效提升网络容量[5]。在文献[6]中，BS 和移动设备采用缓存来减少网络流量。文献[7]通过蜂窝移动通信系统中继中的缓存提高了接入延迟性能。文献[8]通过主动适当地缓存受欢迎的内容，实现了能耗的最小化。文献[9]研究了平衡传播时延和能耗的内容缓存策略。从目前的研究看，现有的大多数工作都只根据已知内容需求设计缓存策略，没有考虑数据转发问题，如多个内容共享链路和网络拥塞。

6.1.2 内容边缘存储系统性能优化的挑战

数据转发可以显著影响内容缓存的性能增益。考虑一个例子：当内容从服务器到其目标节点的传输路径中发生严重网络拥塞时，将该内容缓存在目标节点附近的节点是非常有必要的。因此，有必要联合优化转发和缓存，这两者本质上是相互耦合的。本章研究节点缓存网络中分布式转发和缓存算法，考虑到转发和缓存之间的相互耦合，内容边缘存储系统的性能优化主要有以下两个技术难题。

（1）如何获取网络状态信息。为了有效地利用有限的链路容量和节点有限的缓存空间，需要获取网络状态信息，包括内容需求和网络拥塞。内容需求表示转发和缓存的必要性，网络拥塞程度表示传输的条件。通过泛洪路由获取内容需求和网络拥塞信息的成本和时延过高，这使得节点难以直接定量获取这些信息。

（2）如何在本地优化性能。转发和缓存之间的耦合使得局部最优化问题是非凸的。在耦合情况下获得分布式解决方案涉及迭代更新和显式消息传输，但假设无线信道在迭代中保持不变是不现实的。设计有效的转发和缓存算法并研究这种迭代算法的收敛行为是极为困难的。

6.1.3　内容边缘存储系统的研究现状

6.1.3.1　从本地获取网络状态信息

一种常用的间接获取网络状态信息的方法是背压算法[11]，该算法利用的是本地队列信息，链路上的转发由发送端和接收端的队列长度的差异驱动。文献[12]表明，背压算法可以优化吞吐量性能，从而保证在网络稳定域内有任意到达速率向量的多跳网络的稳定性。

相关学者对数据转发的背压算法进行了大量的研究，但大部分研究都采用背压算法对数据队列进行操作。文献[13]提出了分布式资源分配算法，在多跳网络中使用背压算法转发数据，满足了多个会话的端到端吞吐量需求。为了达到理想的时延性能，文献[14]避免了由于不必要的传输造成的网络资源浪费，选择更高效的路由来进行基于背压算法的数据转发。

与由源节点发起数据传输的工作机制不同，在节点缓存网络中，数据传输通常是由数据请求者（内容消费者）发起的，并且缓存内容的节点不需要通过维持长队列来为数据转发提供压力，因此在数据队列上运行背压算法不能满足动态的内容需求。为了克服这个难题，文献[15]在请求队列上运行背压算法，通过本地请求队列信息来提供数据转发和内容缓存的需求信息。考虑到转发和缓存之间的相互耦合，与文献[15]不同，本章在建立的数据队列中隐含了网络拥塞的信息，在数据队列和请求队列之间建立了一个定量的动态映射，从而可以从本地队列信息中捕获网络拥塞和内容需求的综合效应。

6.1.3.2　联合优化转发和缓存

近来，节点缓存网络中的转发和缓存联合优化引起了广泛的关注。在文献[16]中，所需的内容既可以通过一跳网络获得，即直接从服务器访问；也可以通过两跳网络获得，即从系统中部署的一个缓存中获取，然后联合优化路由和缓存。文献[17]主要考虑微小区之间的协作缓存，协作缓存利用了异构缓存的多样性，从而比非协作小区缓存网络的性能好。与文献[16-17]的工作不同，本章解决了多跳网络中路由和缓存之间的相互耦合问题，通过建立一个具有动态映射的双队列系统来获取网络状态信息，同时提取内容需求和网络拥塞的综合效应，通过分布式框架优化性能。文献[18]研究了针对任意网络拓扑的具有最优保证的联合缓存和路由方案，但其目标是最小化路由代价而不是最大化缓存增益，并假定数据遵循与其相应的请求相同的路由。由于源路由的异步性，可能会导致流量拥塞。与路由代价相比，缓存增益同样是一个重要的问题，因此需要构建一个理论框架来联合优化转发和缓存。

联合优化转发和缓存是非常具有挑战性的，这是因为分布式系统中涉及迭代与显式消息传输。文献[15]提出了一种吞吐量最优的转发和缓存算法，使用Lyapunov优化命名数据网络（NDN）的性能，其中转发和缓存通过局部优化来解耦。文献[19]进一步改进了现有的 VIP 算法[15]，通过数据请求兴趣抑制来更准确地反映 NDN 中的实际数据请求兴趣，但这种解耦的代价是放松了Lyapunov偏移的界限，使得本地优化目标不是全局优化目标，降低了性能的提高。针对信息中心网络，文献[20]提出了一种基于势能的转发算法，但采用的是随机缓存。在文献[21]中，合作缓存算法是在没有联合优化转发和缓存的情况下进行启发式设计的。

上述的研究利用启发式算法或其他技术手段来避免转发和缓存之间的耦合，使得转发和缓存可以分别进行优化，这显著地简化了问题。本章通过Lyapunov 优化和随机网络效用最大化来解决联合优化转发和缓存这个难题。

6.1.3.3　基于稳定性的算法

文献[22]给出了常见的基于稳定性和时延感知的资源分配算法。大偏差[23]是一种将时延约束转化为速率约束的方法，但这种方法仅在较大的时延容忍的条件下才能获得良好的性能。随机优化可以优化对称到达情况下的时延。马尔可夫决策过程[28]（MDP）可以将一般情况下的时延最小化，但通过遍历或策略迭代方法来解贝尔曼方程会导致复杂度维度诅咒。

Lyapunov 优化[10]是一种有效的队列稳定性方法，只要平均到达速率在系统稳定区域内，就能保证队列系统稳定。另外，Lyapunov 优化对于解决联合优化转发和缓存问题有两个好处：

（1）调度决策纯粹基于本地信息，即只基于本地队列长度与邻居节点的信道条件。本章采用 Lyapunov 偏移将队列稳定性转化为最小化每个时隙的偏移，能够通过分布式框架优化性能。

（2）Lyapunov 优化能够以较低的复杂度来实现队列稳定性，使得将其应用于具有不同请求模型和分布的场景成为可能。

由于信道状态和到达过程的概率是事先不知道的，所以不可能在没有这些先验知识的情况下设计最佳的算法。文献[10]证明了，通过 Lyapunov 优化，平均能耗最多使系统稳定的最小平均能耗偏移 $O(1/V)$，而时间平均队列长度最多使其偏移 $O(V)$，V 表示为单位功率的价格，可以调整 V 以满足功率限制。

6.1.4　贡献

本章设计了一个分布式框架，用于在节点缓存网络中联合优化请求/数据队列转发和动态缓存。本章的主要贡献有两点：

（1）具有动态映射的双队列系统。为了间接提取网络上的内容需求和网络拥塞信息，本章建立了包含请求/数据队列的双队列系统，并且设计了请求/数据队列之间的动态映射，使得节点只需要根据本地队列的长度，就可以获取内容需求和网络拥塞的综合效应。本章引入了虚拟数据的概念，可在数据队列不够长时保证动态映射成立，并证明了网络中虚拟数据的数量在随机意义上是有上界的，这意味着虚拟数据不会影响稳定性。

（2）显式消息传输的分布式转发和缓存。请求/数据队列的随机演变使通过 Lyapunov 优化得到的本地优化目标函数具有时变性，而分布式算法涉及在节点之间传输显式消息的迭代解决方案，这意味着在迭代算法收敛之前目标函数可能会发生变化。通过随机网络效用最大化的方法，本章开发了一个低复杂度的分布式转发和缓存算法，通过该算法迭代地更新请求/数据转发和缓存算法，并证明了该算法可实现队列稳定性。

6.2 内容边缘存储系统模型

6.2.1　网络结构

考虑一个多跳节点缓存网络，可以把它建模成有向图 $\mathcal{G}=(\mathcal{N},\mathcal{L})$，其中 $\mathcal{N}$ 和 $\mathcal{L}$ 分别表示 N 个节点的集合以及 L 条链路的集合。由于信道的互通特性，如果 $(i,j)\in\mathcal{L}$，则 $(j,i)\in\mathcal{L}$。$Z(i)$ 是节点 i 的邻居节点，对于任意的 $j\in Z(i),(i,j)\in\mathcal{L}$。时间被分成多个时隙，每个时隙的长度是一个单位时间。信道条件在时隙内部保持不变，时隙间服从独立同分布。令 $C_{ij}(t)$ 为链路 (i,j) 的时变信道容量，$C(t)=\{C_{ij}(t),\forall(i,j)\in\mathcal{L}\}$ 为整个网络的信道状态。令 $S_i\geqslant 0$ 作为节点 i 的缓存大小；网络中有 K 种数据，数据集合记为 $\mathcal{K}$。为了简单起见，假定所有数据具有相同的大小[16,18-19]。考虑节点缓存受限的情况，即 $S_i < K, \forall i \in \mathcal{N}$，其中没有任何一个节点可以缓存所有的数据。为了确保系统是稳定的，有一个指定的服务器节点，能够缓存所有的数据[18]。此服务器节点将所有数据对象永久存储在缓存外的存储器中。

在每个时隙的开始处，每个节点决定两个控制变量，即数据转发速率和数据缓存。相关的控制变量定义如下：

（1）数据缓存 $b(t)$：定义 $b(t) = \{b_i^k(t), \forall i \in \mathcal{N}, \forall k \in \mathcal{K}\}$，其中 $b_i^k(t) \in (0,1)$，$b_i^k(t) = 1$ 表示节点 i 存储了数据 k。

（2）数据转发速率 $r(t)$：定义 $r(t) = \{r_{ij}^k(t), \forall i, j \in \mathcal{N}, \forall k \in \mathcal{K}\}$，其中 $r_{ij}^k(t)$ 是数据 k 从节点 i 到节点 j 的传输速率。

注意，$r_{ij}^k(t) = -r_{ji}^k(t)$，负速率表示沿着链路的相反方向传输。

6.2.2　队列动态方程和稳定性

每一个节点都有随机请求到达。令 $A(t) = \{A_i^k(t), \forall i \in \mathcal{N}, \forall k \in \mathcal{K}\}$ 表示来自应用层的请求到达。假设 $A(t)$ 是关于时隙独立同分布的，且有 $E[A_i^k(t)] = \lambda_i^k$，其中 λ_i^k 表示用户 i 数据 k 的平均随机数据到达速率。

每个节点都由一个请求队列来记录未满足的请求，用户 i 数据 k 的请求队列长度表示为 $W_i^k(t)$。令 $W(t) = \{W_i^k(t), \forall i \in \mathcal{N}, \forall k \in \mathcal{K}\}$ 表示全局请求队列信息。当且仅当接收到所请求的数据时才可以满足请求。值得一提的是，如果节点 i 确定缓存数据对象 k，则它可以产生任意多的数据以满足请求，当所有的请求都被满足时，队列 $W_i^k(t)$ 达到零。因此，$W_i^k(t)$ 的队列动态方程是

$$W_i^k(t+1) = [1 - b_i^k(t)]\left[W_i^k(t) - \sum_{j \in Z(i)} r_{ji}^k(t)\right]^+ + A_i^k(t) \tag{6-1}$$

式中，$(x)^+$ 表示 $\max\{x, 0\}$。

从队列稳定性的角度来研究队列动态方程是很重要的。不稳定的队列可能会导致请求数据的节点的无限延迟，也会造成网络拥塞。根据文献[10]，将队列稳定定义为：

定义 1　队列稳定

若队列 $W_i^k(t)$ 是强稳定的，则它满足

$$\lim_{T \to \infty} \frac{1}{T}\left(\sum_{t=0}^{T} E[W_i^k(t)]\right) < \infty \tag{6-2}$$

为了确保系统的稳定，将容量区域[10]定义为：

定义 2　容量区域

系统容量区域 $\varLambda$ 是指在符合信道容量约束 $\sum_{k\in\mathcal{K}}r_{ij}^{k}(t)\leqslant C_{ij}(t)$ 的条件下，所有可以通过速率分配算法使系统稳定的进入速率向量 $\boldsymbol{\lambda}$ 的包络。

本章假设进入速率向量都严格在容量区域内部，从而确保系统是稳定的。

6.2.3　优化问题

本章的目标是通过优化数据转发和缓存来稳定系统。对于任意 $\boldsymbol{\lambda}\in\varLambda$，数据缓存 $b(t)$ 和数据转发速率 $r(t)$ 应满足以下约束：

$$W_i^k(t)\text{是强稳定的，}\forall i\in\mathcal{N},\forall k\in\mathcal{K} \tag{6-3}$$

$$\sum_{k\in\mathcal{K}}r_{ij}^k(t)\leqslant C_{ij}(t),\quad \forall(i,j)\in\mathcal{L} \tag{6-4}$$

$$\sum_{k\in\mathcal{K}}b_i^k(t)\leqslant S_i,\quad \forall i\in\mathcal{N} \tag{6-5}$$

$$b_i^k(t)\in\mathcal{V}_i^k(t),\quad \forall i\in\mathcal{N},\forall k\in\mathcal{K} \tag{6-6}$$

式（6-3）表示稳定性约束，式（6-4）表示链路容量约束，式（6-5）表示缓存空间约束，式（6-6）表示缓存策略根据可缓存的数据集合 $\mathcal{V}(t)$ 选取，这个集合由当前收到的数据决定，如果数据 k 在节点 i 可以被存储，则 $\mathcal{V}_i^k(t)=\{0,1\}$；如果数据 k 在节点 i 不可以被存储，则 $\mathcal{V}_i^k(t)=\{0\}$。

在没有到达速率先验知识的情况下，难以直接判断数据转发策略和缓存策略是否满足稳定性约束。通过将稳定性约束重写为队列稳定性条件，可以得到一个动态资源分配算法。本章将设计一个分布式转发和缓存算法，通过建立双队列系统实现转发和缓存的本地优化，即通过观察本地队列和信道状态信息，来满足稳定性约束和上述其他约束。

6.3 带有映射的双队列系统

6.3.1 请求转发模型

为了从本地队列信息中提取数据需求，允许节点转发请求，一个节点的请求队列不仅包含自己的请求，还包含来自网络中其他节点的请求。为此引入一个新的控制变量——请求转发速率 $\mu(t)$。

$$\mu(t) = \mu_{ij}^{k}(t), \quad \forall i, j \in \mathcal{N}, \ \forall k \in \mathcal{K}$$

式中，$\mu_{ij}^{k}(t)$ 是数据 k 从节点 i 到节点 j 的请求转发速率。

注记 1：请求转发的物理意义

请求队列可以被理解为势能。对于任何数据，从队列较长的节点到队列较短的节点有一个向下的梯度，类似于背压算法的负载均衡。

根据请求转发，本章建立了一个双队列系统，包括请求队列 $Q(t)$ 以及数据队列 $D(t)$，$Q_i^k(t)$ 和 $D_i^k(t)$ 分别表示数据 k 在用户 i 处的请求队列和数据队列。

6.3.2 请求/数据队列的动态映射

除了数据需求，网络拥塞信息也是很重要的。从数据队列中提取网络拥塞信息，以及从请求队列中捕获数据需求是可以实现的。为了提取数据需求和网络拥塞信息，本节定义了请求/数据队列的动态映射：当请求从节点 i 转发到它的邻居节点 j 时，相同数量的数据应该通过反向链路传输，即从节点 j 到节点 i。然而，很难保证这样的动态映射一直成立，因为节点 j 的数据队列可能并不总是足够长的。假设 $H(t)$ 表示虚拟数据队列，$H_i^k(t)$ 表示数据 k 在用户 i 的虚拟数据队列。

通过请求/数据队列的动态映射，可以通过控制请求转发速率 $\mu_{ij}^k(t)$ 来间接控制数据转发速率 $r_{ij}^k(t)$。然而，$r_{ij}^k(t)$ 并不能简单地表示为 $r_{ij}^k = -\mu_{ij}^k(t)$，因为节点的数据队列可能并不总是足够长的。令 γ_{ij}^k 表示数据 k 在链路 (i, j) 的虚拟数据传输速率，需要先讨论 $\mu_{ij}(t)$、$Q_i^k(t)$ 以及 $D_j^k(t)$ 的关系，才可以确定 $r_{ij}^k(t)$ 和 γ_{ij}^k。这里假设请求从节点 i 转发到节点 j，即 $\mu_{ij}^k(t) > 0$ 以及 $\mu_{ij}^k(t) \le Q_i^k(t)$，

（1）当数据队列足够长时，$\mu_{ij}^k(t) \le D_j^k(t)$，请求转发速率等于反向链路上的数据转发速率，即 $r_{ij}^k(t) = -\mu_{ij}^k(t)$，此时不需要传输虚拟数据，即 $\gamma_{ij}^k = 0$。

（2）当数据队列不够长时，$\mu_{ij}^k(t) > D_j^k(t)$，请求转发速率等于数据转发速率加上虚拟数据转发速率，即 $r_{ij}^k(t) + \gamma_{ij}^k = -\mu_{ij}^k(t)$，其中节点 j 生成速率为 $\gamma_{ji}^k = \mu_{ij}^k(t) - D_j^k(t)$ 的虚拟数据。

注意，生成虚拟数据是为了满足理想的映射，这些虚拟数据实际上并不是通过信道传输的。稍后将证明虚拟数据的产生量在随机意义上是有上界的，这表明虚拟数据不会影响系统的稳定性。

除了节点之间的数据传输，请求/数据队列的动态映射在数据进出网络时也存在。当请求被转发到缓存所请求数据所在的节点时，这些请求将从系统中移除，而此节点将生成相同数量的数据。当请求添加到系统中时，数据或虚拟数据将以总速率 $A_i^k(t)$ 从系统中移除。实际数据和虚拟数据之间的一个主要区别是，当请求数据的节点接收到虚拟数据时，由于实际上没有满足请求，所以会向系统添加额外的请求。

6.3.3 双队列系统中的队列动态方程

（1）请求队列动态方程。在请求队列子系统中，采用的是请求转发速率 $\mu_{ij}^k(t)$，而不是数据转发速率 $r_{ij}^k(t)$，这时可以由建立的 $r(t)$ 和 $\mu(t)$ 的动态映射关系得到请求队列动态方程 $Q_i^k(t)$，即

$$Q_i^k(t+1) = [1-b_i^k(t)]\left[Q_i^k(t) - \sum_{j \in Z(i)} \mu_{ij}^k(t)\right]^+ + A_i^k(t) + \min\{H_i^k(t), A_i^k(t)\} \quad (6\text{-}7)$$

式中，第一项中的 $\left[Q_i^k(t) - \sum_{j \in Z(i)} \mu_{ij}^k(t)\right]^+$ 表示和邻居节点交换的请求；第一项中的

$[1-b_i^k(t)]$ 表示如果节点 i 选择存储数据 k，那么可以根据需要生成尽可能多的数据，以满足所有的请求；第二项 $A_i^k(t)$ 表示节点 i 的请求到达；最后一项 $\min\{H_i^k(t), A_i^k(t)\}$ 表示由于接收到虚拟数据而增加的额外请求。

数据队列子系统由两个紧密相关的队列组成，即数据队列和虚拟数据队列。当数据队列不够长时，生成虚拟数据以满足请求/数据队列的动态映射。数据和虚拟数据都是用来满足请求的，它们的区别在于当虚拟数据由请求数据的节点接收时，额外的请求将被添加到系统，因为实际上请求没有被满足。

（2）数据队列动态方程。首先介绍数据队列 $D_i^k(t)$ 的动态过程，然后详细分析数据生成/消耗过程，以便更清楚地介绍数据队列。数据队列的动态方程 $D_i^k(t)$ 满足

$$D_i^k(t+1) = \left\{ D_i^k(t) - \sum_{j \in Z(i)} r_{ij}^k(t) - [A_i^k(t) - H_i^k(t)]^+ + b_i^k(t) \sum_{j \in Z(i)} [r_{ij}^k(t)]^+ \right\}^+ \quad （6\text{-}8）$$

① 数据生成：数据只能在缓存了数据的节点上生成，因此该节点的请求队列为空。由于邻居节点的请求队列是非空的，所以邻居节点将把请求转发给这个节点。接收到的请求会被移出系统，并且通过反向链路产生并传输相同数量的数据。这个过程解释了第二项 $\sum_{j \in Z(i)} r_{ij}^k(t)$ 和最后一项 $b_i^k(t) \sum_{j \in Z(i)} [r_{ij}^k(t)]^+$。

② 数据消耗：当数据到达后，接收到的数据首先用来满足本地请求，即请求和数据"碰面"即抵消。剩余的数据将存储在数据队列中等待转发。这个过程解释了第三项 $[A_i^k(t) - H_i^k(t)]^+$。

（3）虚拟数据队列动态方程。首先介绍虚拟数据队列 $H_i^k(t)$ 的动态方程，然后详细分析虚拟数据生成/消耗过程。虚拟数据队列 $H_i^k(t)$ 的动态方程满足

$$H_i^k(t+1) = \left\{ H_i^k(t) - \sum_{j \in Z(i)} \gamma_{ij}^k(t) - A_i^k(t) + [1 - b_i^k(t)] \left[\sum_{j \in Z(i)} \mu_{ji}^k(t) - H_i^k(t) - D_i^k(t) \right]^+ \right\}^+ \quad （6\text{-}9）$$

① 虚拟数据生成：为了解决当请求从节点 i 转发到其邻居节点 j 时，节点 j 的数据队列不足以在反向链路上传输的问题，可生成虚拟数据来保证动态映射有效。当邻居节点的请求转发速率总和大于虚拟数据队列长度和数据队列长度

之和时，虚拟数据将在节点上生成。这个过程解释了第二项 $\sum\limits_{j\in Z(i)}\gamma_{ij}^{k}(t)$ 和最后一

项 $[1-b_i^k(t)]\left[\sum\limits_{j\in Z(i)}\mu_{ji}^k(t)-H_i^k(t)-D_i^k(t)\right]^+$。

② 虚拟数据消耗：该过程类似于数据消耗。在虚拟数据到达之后，首先用来满足本地请求，剩余的虚拟数据被放入虚拟数据队列 $H_i^k(t)$ 中。实际数据和虚拟数据之间的一个主要区别在于，当请求数据的节点接收到虚拟数据时，由于实际上请求并没有得到满足，所以额外的请求将被添加到系统中，这个过程解释了第三项 $A_i^k(t)$。

图 6-1 说明了双队列系统的工作原理。双队列系统由两个子系统组成，即请求队列子系统和数据队列子系统。从节点 1 到数据源有一个向下的梯度，类似于通过背压算法的负载平衡。与在数据队列上进行操作的背压算法不同，本章在请求队列上进行操作以考虑动态数据需求。请求队列越长，节点需要数据就越紧迫。节点 1 的请求队列的增长导致节点 2 和节点 3 的请求队列增长，由于请求/数据队列的动态映射，导致在反向链路上传输相同多的数据量。虚拟数据是为了保证理想的映射而生成的，实际上并不通过信道传输。被虚拟数据满足的请求需要重新添加到系统中，因为实际上请求没有得到满足。生成的虚拟数据最终变成冗余的数据一直存在于系统中。

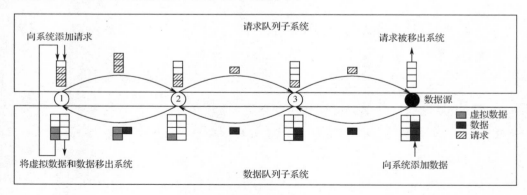

图 6-1 双队列系统的工作原理

注记 2：

只有缓存数据后，才能复制数据，因此必须传输多个数据副本，而不是在同一个链路上传输数据的单个副本，这在节点间传输看起来并不高效。然而，

采用传输数据的单一副本的框架将导致不能在本地获得数据需求和网络拥塞两者的综合效应，并进一步导致系统的不稳定。考虑一个例子，N 个节点排成一行，节点 i 只能与左边的节点 $i-1$ 和右边的节点 $i+1$ 进行通信。假设节点 i 缓存数据 k，其余的节点请求这个数据，因此这些节点不断地为这个数据产生请求。由于节点 i 的请求队列为零，而节点 $i+1$ 的请求队列大于零，所以节点 $i+1$ 将请求转发给节点 i，节点 i 将数据的一个副本反向传输。在收到这个副本后，节点 $i+1$ 的请求队列被减少到零。根据最佳的缓存替换算法，节点 $i+1$ 不会选择缓存这个数据。由于节点 $i+1$ 既不缓存这个数据也不存储这个数据的多个副本，所以这个数据不能被转发到节点 $i+2$，从而满足节点 j（$j>i+2$）的请求。因此，请求队列的长度不能提取内容需求和网络拥塞的综合效应，系统将不再稳定。

6.4 分布式转发和缓存机制

6.4.1　基于稳定性的优化

为了满足稳定性约束条件，本节采用 Lyapunov 优化方法和二阶李雅普诺夫（Lyapunov）函数[10]，该函数随着队列长度而成平方增长，从而可以提供足够大的惩罚函数来稳定系统。Lyapunov 函数是

$$L[Q_i^k(t)] = \sum_{i \in \mathcal{N}} \sum_{k \in \mathcal{K}} [Q_i^k(t)]^2 \qquad (6\text{-}10)$$

根据定义 1，为了系统的稳定性，所有的队列都必须是稳定的，因此相关的 Lyapunov 偏移优化问题为

$$\max_{\mu(t),b(t)} Y[\mu(t),b(t)] = \sum_{i \in \mathcal{N}} \sum_{k \in \mathcal{K}} \left\{ 2[1 - b_i^k(t)]Q_i^k(t) \sum_{j \in Z(i)} \mu_{ij}^k(t) + b_i^k(t)[Q_i^k(t)]^2 + \right.$$
$$\left. b_i^k(t) \left[\sum_{j \in Z(i)} \mu_{ij}^k(t) \right]^2 \right\} \qquad (6\text{-}11)$$

证明：

Lyapunov 偏移可由 $\Delta[Q(t)] = E\{L[Q(t+1)] - L[Q(t)]|Q(t)\}$ 得到，对请求队列动

态方程两边求平方，可得

$$[Q(t+1)]^2 \leqslant \sum_{i\in\mathcal{N}}\sum_{k\in\mathcal{K}}[1-b_i^k(t)]\Big\{[Q_i^k(t)]^2+[A_i^k(t)+\min\{H_i^k(t),A_i^k(t)\}]^2+$$

$$\Bigg[\sum_{j\in Z(i)}\mu_{ij}^k(t)\Bigg]^2+2Q_i^k(t)\Bigg[A_i^k(t)+\min\{H_i^k(t),A_i^k(t)\}-2Q_i^k(t)\sum_{j\in Z(i)}\mu_{ij}^k(t)\Bigg]\Big\}$$ （6-12）

为了得到 Lyapunov 偏移，整理方程可得

$$\Delta[Q(t)]\leqslant B_1-\sum_{i\in\mathcal{N}}\sum_{k\in\mathcal{K}}\Big\{2[1-b_i^k(t)]Q_i^k(t)\sum_{j\in Z(i)}\mu_{ij}^k(t)-4Q_i^k(t)A_i^k(t)+$$

$$b_i^k(t)[Q_i^k(t)]^2+b_i^k(t)\Bigg[\sum_{j\in Z(i)}\mu_{ij}^k(t)\Bigg]^2\Big\}$$ （6-13）

式中，用到了 $\min\{H_i^k(t),A_i^k(t)\}\leqslant A_i^k(t)$、$\mu_{ij}^k(t)\leqslant C_{ij}(t)$；　B_1 为

$$B_1=\sum_{i\in\mathcal{N}}\sum_{k\in\mathcal{K}}E\{4[A_i^k(t)]^2\}+\sum_{i\in\mathcal{N}}\sum_{j\in Z(i)}E\{[C_{ij}(t)]^2\}$$ （6-14）

B_1 是一个有界的常数。

为了稳定系统，最小化 Lyapunov 偏移，可得到式（6-13）和式（6-14）。

为了得到 Lyapunov 偏移，整理式（6-12）还可得到

$$\Delta[Q(t)]\leqslant B-E\Big\{\sum_{i\in\mathcal{N}}\sum_{j\in Z(i)}2[1-b_i^k(t)]Q_i^k(t)\sum_{j\in Z(i)}\mu_{ij}^k(t)-4Q_i^k(t)A_i^k(t)+$$

$$b_i^k(t)[Q_i^k(t)]^2\Big]$$ （6-15）

式中，B 是有界常数，可作为

$$\sum_{i\in\mathcal{N}}\sum_{k\in\mathcal{K}}[1-b_i^k(t)]\Bigg\{[A_i^k(t)+\min\{H_i^k(t),A_i^k(t)\}]^2+\Bigg[\sum_{j\in Z(i)}\mu_{ij}^k(t)\Bigg]^2+\min\{H_i^k(t),A_i^k(t)\}\Bigg\}$$

的上界。观察到 $\min\{H_i^k(t),A_i^k(t)\}\leqslant A_i^k(t)$、$\mu_{ij}^k(t)\leqslant C_{ij}(t)$，可得

$$B=\sum_{i\in\mathcal{N}}\sum_{k\in\mathcal{K}}E\{4[A_i^k(t)]^2\}+\sum_{i\in\mathcal{N}}\sum_{j\in Z(i)}E\{[C_{ij}(t)]^2\}+\sum_{i\in\mathcal{N}}\sum_{k\in\mathcal{K}}\lambda_i^k$$ （6-16）

为了使得系统稳定，最小化式（6-15），可得到式（6-16）。注意到 $B > B_1$，因此可以用 B 代替 B_1。证毕。

请注意，即使放宽了 $b(t)$ 到[0,1]的可行区域之后，式（6-11）依然是一个非凸非单调问题。获得闭式解非常困难，并很难由此获得转发和缓存设计。这是因为请求转发速率 $\mu(t)$ 和数据缓存 $b(t)$ 是耦合的，该耦合是由于队列相互耦合以及链路容量和缓存大小限制造成的。

6.4.2　解耦转发和缓存优化问题

为了得到分布式算法，将式（6-11）中的优化问题分解成每个节点和每个链路的子问题，通过类似网络效用最大化的方法来优化问题。然而，与传统的网络效用的最大化不同，本节考虑了转发存储在随机环境中的迭代解决方案。具体来说，请求队列 $Q_i^k(t)$ 和链路容量 $C_{ij}(t)$ 的随机演化导致了最优值的时变特性。

通过在节点视图中重写式（6-11）所示的优化问题，将其分解成每个节点的缓存子问题，即给定 $\mu(t)$ 后优化 $b(t)$。类似地，通过在链路视图中重写这个优化问题，把它分解成转发子问题，即给定 $b(t)$ 后优化 $\mu(t)$。

（1）缓存优化。在节点视图中重写式（6-11），可得到

$$\max_{b(t)} \sum_{i \in \mathcal{N}} \sum_{k \in \mathcal{K}} 2Q_i^k(t) \sum_{j \in Z(i)} \mu_{ij}^k(t) + \sum_{i \in \mathcal{N}} \sum_{k \in \mathcal{K}} b_i^k(t) \left[Q_i^k(t) - \sum_{j \in Z(i)} \mu_{ij}^k(t) \right]^2 \tag{6-17}$$

$$\text{s.t.} \sum_{k \in \mathcal{K}} b_i^k(t) \leqslant S_i, \quad \forall i \in N \tag{6-18}$$

定理 1　最优缓存策略

给定请求转发速率 $\mu(t)$，为了式（6-17）的最优性，定义缓存优先级函数为

$$f_i^k(t) = \left[Q_i^k(t) - \sum_{j \in Z(i)} \mu_{ij}^k(t) \right]^2 \tag{6-19}$$

在最优缓存策略中，拥有最高优先级函数 S_i 的数据存储在节点 i 中。

证明：

对式（6-17）中的 $b_i^k(t)$ 求偏导，可以得到缓存优先级函数。由于式（6-17）是 $b_i^k(t)$ 的线性方程，考虑到缓存空间约束［见式（6-5）］，拥有最高优先级函数 S_i 的数据应被存储。证毕。

注记 3：

请求队列长度表示数据需求的紧迫性。请求队列越长，缓存数据的需求就越紧迫。当请求转发到邻居节点时，数据以相同的速率在反向链路上传输，从而可降低紧迫程度。

（2）转发优化。在链路视图中重写式（6-11），可得到

$$\max_{\mu(t)} \sum_{(i,j) \in \mathcal{L}} \sum_{k \in \mathcal{K}} 2\mu_{ij}^k(t)\{Q_i^k(t)[1-b_i^k(t)] - Q_j^k(t)[1-b_j^k(t)]\} + \sum_{i \in \mathcal{N}} \sum_{k \in \mathcal{K}} \{b_i^k(t)[Q_i^k(t)]^2\} \quad （6-20）$$

$$\text{s.t.} \sum_{k \in \mathcal{K}} \mu_{ij}^k \leqslant C_{ij}(t), \quad \forall (i,j) \in \mathcal{L} \quad （6-21）$$

定理 2　最优请求转发策略

给定 $b(t)$ 后，为了式（6-20）的最优性，数据 k 在链路 (i,j) 的请求转发速率应满足

$$\mu_{ij}^k(t) = \frac{1}{2}[\omega_{ij}^k(t) - \omega_{ij}^*(t)]^+ \quad （6-22）$$

式中，$\omega_{ij}^*(t)$ 满足

$$\sum_{k \in \mathcal{K}} \frac{1}{2}[\omega_{ij}^k(t) - \omega_{ij}^*(t)]^+ = C_{ij}(t) \quad （6-23）$$

并且 $\omega_{ij}^k(t) = Q_i^k(t)[1-b_i^k(t)] - Q_j^k(t)[1-b_j^k(t)]$ 是一个关于在链路 (i,j) 两端节点的请求队列 k 之间的差异的权重。

证明：

采用拉格朗日法对式（6-20）中的 $\mu_{ij}^k(t)$ 求偏导，可得到

$$\frac{\partial Y[\mu(t)]}{\partial \mu_{ij}^k(t)} = 2\omega_{ij}^k(t) - \nu_{ij} \quad （6-24）$$

式中，ν_{ij} 是可以被调整以满足链路容量约束的拉格朗日乘子，不像背压算法那样仅仅调度一个数据的请求，而是在更精细的维度上调度请求，使多个数据在相同的时隙中传输，从而达到更好的性能。

根据式（6-24）可知，拥有最大 $\omega_{ij}^k(t)$ 的数据会被调度，$\omega_{ij}^k(t)$ 会随着传输逐渐减小。执行这样的算法，迭代地找到式（6-24）的最佳解，其中数据队列满足 $\omega_{ij}^k(t) > \omega_{ij}^*(t)$ 的请求会被调度，传输速率是队列差的 1/2，即 $\mu_{ij}^k(t) = \dfrac{1}{2}[\omega_{ij}^k(t) - \omega_{ij}^*(t)]^+$。总传输速率被式（6-4）约束，把式（6-24）代入式（6-22），恰好可以得到最优的 $\omega_{ij}^*(t)$。

注记 4：

基于背压算法的转发算法为每个数据和每个链路分配一个请求转发速率，这与仅调度一个数据的背压算法不同。具体而言，$\omega_{ij}^k(t)$ 较大的数据，其请求转发速率更大。$\omega_{ij}^k(t)$ 与数据队列差异有关，背压算法可最大限度地平衡数据队列的差异，从而在网络中避免某些数据队列长度过长。

请注意，基于背压算法的转发算法和最大权重缓存算法都是分布式算法。为了实现这种转发算法，邻居节点需要通过显式消息传输来周期性地交换队列长度信息。最大权重缓存算法的实现只需要本地信息，不需要任何信息交换。

6.4.3　算法设计

在分解转发和缓存优化问题的基础上，本节提出了一种求解两个子问题的算法——Gauss-Seidel 算法[28]，该算法改进了更新顺序，仅将一个变量调整为最优值，保持其他变量不变，即

$$x_i(t+1) = \arg\max_{x_i} f[x_1(t+1), \cdots, x_{i-1}(t+1), x_i, x_{i+1}(t), \cdots, x_n(t)] \qquad (6\text{-}25)$$

式中，$x_1, \cdots, x_n$ 表示优化变量。

注意，由于显式消息传输，变量在每个时隙中只能进行一次迭代更新，而目标函数将随着 $Q_i^k(t)$ 和 $C_{ij}(t)$ 的随机演化而改变。

算法 6.1 在每个时隙开始时执行。

算法 6-1　分布式转发和缓存算法

1： **loop**
2：　　节点 i 观察信道容量 $C_{ij}(t), j \in Z(i)$
3：　　节点 i 得到邻居节点 $\forall j \in Z(i), \forall k \in \mathcal{K}$ 的队列信息 $Q_j^k(t)$ 以及 $b_j^k(t)$
4：　　根据定理 2 中的式（6-22）分配请求转发速率 $\mu(t)$
5：　　数据转发速率 $r(t)$ 和虚拟数据转发速率 $\gamma(t)$ 由 $\mu(t)$、$D(t)$ 和 $C(t)$ 共同决定
6：　　节点 i 观察链路 $\mu_{ij}^k(t), j \in Z(i)$ 上其他节点的请求转发速率
7：　　根据式（6-17）计算数据的存储优先级
8：　　根据定理 1，拥有最高优先级 S_i 的数据在节点 i 时隙 t 存储
9：　　根据式（6-7）、式（6-8）和式（6-9）更新队列
10： **end loop**

在算法 6-1 中，第 3～5 行用于优化请求转发速率 $\mu(t)$，从而获得数据/虚拟数据转发速率；第 6～8 行用于优化 $b(t)$。请求转发速率 $\mu(t)$ 和 $b(t)$ 在线迭代更新。

注记 5：算法 6-1 的计算复杂度

算法 6-1 中最耗时的部分是第 8 行的排序，可以采用快速排序，其复杂度是 $O(K \log_2 K)$。第 6 行最优的请求转发速率可以通过二分寻找算法来得到，其复杂度是 $O(\log_2 K)$，其他部分可以闭式地求解，它们的复杂度非常低。

6.4.4　性能评估

本节首先证明了分布式转发和缓存算法的收敛性，然后证明了该算法可实现队列稳定性，从而使得系统稳定，最后分析了允许节点转发请求带来的性能开销，包括队列系统开销和通信开销。

请求/数据队列的随机演化使基于 Lyapunov 优化的局部目标函数具有时变性。分布式转发和缓存算法涉及节点之间的显式消息传输和迭代，这意味着目标函数在迭代算法收敛之前可能会发生变化，即最优点在变化，因此算法的轨迹不会收敛到一个点，而是一个区域。因此，为了分析分布式转发和缓存算法

在时变环境下的收敛性，本节引入了区域稳定性，这是一种在时变环境下广泛采用的迭代算法性能测度，尤其适用于混合系统[26-27]。

区域稳定性的定义为

定义 3：区域稳定性

如果任意的轨迹 $x[t, x(0)]$，存在某个时刻 $T[x(0)]$，从该时刻开始方程的轨迹一直在极限区域 $\mathcal{X}$ 内，则拥有该轨迹的分布式系统被称为在极限区 $\mathcal{X}$ 内是稳定的。在数学上，可以表示为：若 $\forall x[t, x(0)]$，$\exists T[x(0)]$，则 $x[t, x(0)] \in \mathcal{X}$，$\forall t \geq T[x(0)]$。

为了分析本章算法（分布式转发和缓存算法）的轨迹，下面考虑请求队列长度和信道容量在一个时隙内保持不变的情况。假设 $Y^*(t)$ 表示在时隙 t 中式（6-11）的最优值。在时隙 t 中，本章算法执行一次迭代。

（1）本章算法的收缩性质为

$$Y^*(t) - Y^1(t) \leq \beta(t)[Y^*(t) - Y^0(t)] \tag{6-26}$$

式中，$\beta(t)$ 表示时隙 t 执行一次迭代的收缩量，$Y^0(t)$ 和 $Y^1(t)$ 分别表示迭代前和迭代后的函数值。注意：收缩量满足 $\beta(t) < 1$，因为本章试图减少请求队列之间的差异，从而使得 Lyapunov 偏移减少，即 $Y^1(t) > Y^0(t)$。

基于以上分析，在以下定理中推导出本章算法的区域稳定性。

定理 3　区域稳定性

存在一个时间 T，使得对于 $t > T$，式（6-11）所示的轨迹总在下述极限区域内。

$$\mathcal{X} = \{x \mid x \leq \max_{t > T} Y^*(t) + \delta \frac{\beta}{1 - \beta} + \Delta\} \tag{6-27}$$

式中，Δ 是任意小的常数；$\delta = \max_{m > T} \delta_{m-1, m} = \max_{m > T} |Y^*(m) - Y^*(m-1)|$，表示一个时隙的目标最优解与下一时隙的目标最优解之间的最大距离；$\beta = \max_{m > T} \beta(m)$，表示每个时隙的性能最小提升量。

证明：

考虑一段时间 $[0,T]$，在这段时间内，目标函数改变了 T 次，因此距离 $\{g(t), 1 \leqslant t \leqslant T\}$ 关于迭代后的目标函数值 $Y(t)$ 和每个时隙结束时的目标最优解有如下上界

$$g(1) \leqslant Y(0)\beta(1) \qquad (6\text{-}28)$$

$$g(m) \leqslant g(m-1)\beta(m) + \delta_{m-1,m} \qquad (6\text{-}29)$$

式中，$\delta_{m-1,m}$ 表示目标函数最优解在时隙 $m-1$ 和时隙 m 的差值。

将式（6-29）从 $m=1$ 到 $m=T$ 叠加，得到

$$
\begin{aligned}
g(T) &\leqslant \{[Y(0)\beta(1) + \delta_{1,2}]\beta(2) + \delta_{2,3}\}\beta(3) + \cdots \\
&\leqslant Y(0)\prod_{m=1}^{T}\beta(m) + \sum_{l=1}^{T}\prod_{m=l}^{T}\delta_{m-1,m}\beta(m) \\
&\leqslant Y(0)\beta^{(1+T)T/2} + \delta\sum_{l=2}^{T}\prod_{m=l}^{T}\beta \\
&\leqslant Y(0)\beta^{(1+T)T/2} + \delta\beta\frac{1-\beta^{(T-1)}}{1-\beta}
\end{aligned}
\qquad (6\text{-}30)
$$

式中，$\delta = \max_{m}\{\delta_{m-1,m}\}$，表示任何两个最优值之间的最大距离；$\beta = \max_{m}\beta(m)$。$g(T)$ 是随着 T 的严格单调减函数，因此存在一个时间 T 使得 $t > T$，以及一个区域 $\mathcal{X} = \{x \mid x \leqslant \max_{t>T} Y^{*}(t) + \delta\frac{\beta}{1-\beta} + \Delta\}$，使得函数轨迹总在极限区域 $\mathcal{X}$ 内，其中 Δ 是任意小的常数，$Y(0)\beta^{(1+T)T/2} - \delta\frac{\beta^{T}}{1-\beta}$ 在 T 足够大时可以任意小。证毕。

注记 6：

函数轨迹总在极限区域 $\mathcal{X}$ 内部，这说明了本章算法和最优值之间的误差是有界的。

（2）在定理 4 中证明本章算法可实现队列稳定性，从而使系统稳定。

定理 4：队列稳定性

如果本章算法是最优算法的 $\dfrac{1}{1+\alpha}$ 近似，那么系统容量区域会收敛于

$\dfrac{1}{1+\alpha}\lambda_{\max}$，平均队列长度满足

$$\lim_{T\to\infty}\frac{1}{T}\left(\sum_{t=0}^{T}\sum_{i\in\mathcal{N}}\sum_{k\in\mathcal{K}}D_i^k(t)\right)\leqslant\lim_{T\to\infty}\frac{1}{T}\left(\sum_{t=0}^{T}\sum_{i\in\mathcal{N}}\sum_{k\in\mathcal{K}}Q_i^k(t)\right)\leqslant\frac{(1+\alpha)B}{2\left(\varepsilon-\dfrac{1}{1+\alpha}\lambda_{\max}\right)}\qquad（6\text{-}31）$$

$$\lim_{T\to\infty}\frac{1}{T}\left(\sum_{t=0}^{T}\sum_{i\in\mathcal{N}}\sum_{k\in\mathcal{K}}W_i^k(t)\right)\leqslant\frac{(1+\alpha)B}{2\left(\varepsilon-\dfrac{1}{1+\alpha}\lambda_{\max}\right)}\qquad（6\text{-}32）$$

证明：

分析最优化求解调度问题时的容量区域和平均队列长度，令 $\mu_{ij}^{k*}(t)$ 和 $b_i^{k*}(t)$ 表示式（6-11）的最优的解。

Lyapunov 偏移是半负定的，根据式（6-12），可得到

$$B+\sum_{i\in\mathcal{N}}\sum_{k\in\mathcal{K}}2Q_i^k(t)A_i^k(t)\leqslant\sum_{i\in\mathcal{N}}\sum_{k\in\mathcal{K}}\left\{b_i^{k*}(t)\left[Q_i^k(t)-\sum_{j\in Z(i)}\mu_{ij}^{k*}(t)\right]^2+2Q_i^k(t)\sum_{j\in Z(i)}\mu_{ij}^{k*}(t)\right\}\qquad（6\text{-}33）$$

如果平均进入速率向量 λ 满足

$$B+\sum_{i\in\mathcal{N}}\sum_{k\in\mathcal{K}}2E[Q_i^k(t)]\lambda_i^k\leqslant\sum_{i\in\mathcal{N}}\sum_{k\in\mathcal{K}}E\left\{b_i^{k*}(t)\left[Q_i^k(t)-\sum_{j\in Z(i)}\mu_{ij}^{k*}(t)\right]^2+2Q_i^k(t)\sum_{j\in Z(i)}\mu_{ij}^{k*}(t)\right\}\qquad（6\text{-}34）$$

那么平均进入速率向量 λ 在系统容量区域 Λ 内部。

对于任何在容量区域 Λ 内的进入速率向量 λ，平均输出速率不应该比 λ_i^k 和 ϵ 的和小。相应的 Lyapunov 偏移是

$$E\{L[Q(t+1)]\}-E\{L[Q(t)]\}\leqslant B+\sum_{i\in\mathcal{N}}\sum_{k\in\mathcal{K}}2E[Q_i^k(t)]\qquad（6\text{-}35）$$

$$\lambda_i^k-\sum_{i\in\mathcal{N}}\sum_{k\in\mathcal{K}}2E[Q_i^k(t)](\lambda_i^k+\epsilon)\leqslant B-2\epsilon\sum_{i\in\mathcal{N}}\sum_{k\in\mathcal{K}}E[Q_i^k(t)]\qquad（6\text{-}36）$$

在 t 为 0 到 T 上求和，可得到

$$\frac{1}{T}\sum_{t=0}^{T}\sum_{i\in\mathcal{N}}\sum_{k\in\mathcal{K}}E[Q_i^k(t)]\leqslant\frac{B}{2\epsilon}-\frac{E\{L[Q(0)]\}}{\epsilon T}\qquad（6\text{-}37）$$

令 $T \to \infty$ ，可得到

$$\lim_{T \to \infty} \frac{1}{T} \sum_{t=0}^{T} \sum_{i \in \mathcal{N}} \sum_{k \in \mathcal{K}} E[Q_i^k(t)] \leqslant \frac{B}{2\epsilon} \qquad (6\text{-}38)$$

由于目标函数在迭代算法收敛之前可能会发生变化，因此不可能在每个时隙的这种时变环境中获得最优值。本节合理地假定本章算法在每个时隙中都是最优解的 $\frac{1}{1+\alpha(t)}$ 近似，在每个时隙实现次优解，将使目标函数的值是最优时的一个分数。但是，在时变环境中，$\alpha(t)$ 在每个时隙中可能并不总是相同的。为了解决这个问题，令 $\alpha = \max_t \{\alpha(t)\}$ ，并且本章算法至少是最优解的 $\frac{1}{1+\alpha(t)}$ 近似，因此满足

$$\sum_{i \in \mathcal{N}} \sum_{k \in \mathcal{K}} \left\{ b_i^{k*}(t) \left[Q_i^k(t) - \sum_{j \in Z(i)} \mu_{ij}^{k*}(t) \right]^2 + 2Q_i^k(t) \sum_{j \in Z(i)} \mu_{ij}^{k*}(t) \right\} \leqslant$$
$$(1+\alpha) \sum_{i \in \mathcal{N}} \sum_{k \in \mathcal{K}} \left\{ b_i^{k*}(t) \left[Q_i^k(t) - \sum_{j \in Z(i)} \mu_{ij}^{k*}(t) \right]^2 + 2Q_i^k(t) \sum_{j \in Z(i)} \mu_{ij}^{k*}(t) \right\} \qquad (6\text{-}39)$$

把式（6-39）代入式（6-36），可得到

$$\frac{B}{(1+\alpha)} + \frac{\sum_{i \in \mathcal{N}} \sum_{k \in \mathcal{K}} 2E[Q_i^k(t)]\lambda_i^k}{(1+\alpha)} \leqslant \sum_{i \in \mathcal{N}} \sum_{k \in \mathcal{K}} E \left\{ b_i^k(t) \left[Q_i^k(t) - \sum_{j \in Z(i)} \mu_{ij}^k(t) \right]^2 + 2Q_i^k(t) \sum_{j \in Z(i)} \mu_{ij}^k(t) \right\}$$

$$(6\text{-}40)$$

由于迭代算法的非最优性，系统容量区域将缩小 $\frac{1}{1+\alpha}\lambda_{\max}$ ，即 $\Lambda' = \Lambda - \frac{1}{1+\alpha}\lambda_{\max}$ ，并且 B' 应该满足 $B' = (1+\alpha)B$ 。因此，平均请求队列长度满足

$$\lim_{T \to \infty} \frac{1}{T} \sum_{t=0}^{T} \sum_{i \in \mathcal{N}} \sum_{k \in \mathcal{K}} E[Q_i^k(t)] \leqslant \frac{(1+\alpha)B}{2\left(\epsilon - \frac{1}{1+\alpha}\lambda_{\max}\right)} \qquad (6\text{-}41)$$

利用请求队列和数据队列相互对应的性质，可得到

$$\lim_{T \to \infty} \frac{1}{T} \sum_{t=0}^{T} \sum_{i \in \mathcal{N}} \sum_{k \in \mathcal{K}} Q_i^k(t) \geq \lim_{T \to \infty} \frac{1}{T} \sum_{t=0}^{T} \sum_{i \in \mathcal{N}} \sum_{k \in \mathcal{K}} W_i^k(t) \quad （6\text{-}42）$$

注意，这里是不等式，因为 N 个 $W_i^k(t)$ 并不包括由于接收到虚拟数据而额外增加的请求。

把式（6-42）代入式（6-41），并令 $T \to \infty$，可得到

$$\lim_{T \to \infty} \frac{1}{T} \sum_{t=0}^{T} \sum_{i \in \mathcal{N}} \sum_{k \in \mathcal{K}} W_i^k(t) \leq \frac{(1+\alpha)B}{2\left(\epsilon - \dfrac{1}{1+\alpha}\lambda_{\max}\right)} \quad （6\text{-}43）$$

对于平均数据队列长度，一方面，数据队列的到达和离开与请求队列的到达和离开的方向相反大小相同，请求队列的稳定性意味着平均到达速率等于平均离开速率；另一方面，数据的生成是由请求触发的，这意味着请求的数量应该大于数据的数量，所以有

$$E\left[\sum_{i \in \mathcal{N}} \sum_{k \in \mathcal{K}} D_i^k(t)\right] \leq E\left[\sum_{i \in \mathcal{N}} \sum_{k \in \mathcal{K}} Q_i^k(t)\right] \leq \frac{(1+\alpha)B}{2\left(\epsilon - \dfrac{1}{1+\alpha}\lambda_{\max}\right)} \quad （6\text{-}44）$$

注记 7：

任何进入速率向量 λ 均在容量区域 $\Lambda - \dfrac{1}{1+\alpha}\lambda_{\max}$。定理 4 表明系统的所有队列都可以用本章算法实现稳定，即系统是稳定的。

（3）下面分析允许节点转发请求带来的性能开销，包括队列系统开销和通信开销。为了提取网络中的内容需求和网络拥塞信息，允许节点转发请求并建立双重队列系统。通过动态映射，节点能从本地队列中获取内容需求和网络拥塞信息。然而，系统很难一直保证动态映射成立，因为节点 j 的数据队列可能并不总是足够长。为了使这个动态映射恒成立，本章引入了虚拟数据，但这将给队列系统带来额外的开销。下面分析产生的虚拟数据数量，并证明虚拟数据的数量在概率的意义上是有界的，即添加虚拟数据不会影响算法的稳定性。

定理 5　生成虚拟数据的上界

在网络中生成的总虚拟数据满足

$$\Pr\left[\left|\sum_{i\in\mathcal{N}}\sum_{t=0}^{T}H_i^k(t)-\frac{(1+\alpha)B}{\left(\epsilon-\frac{1}{1+\alpha}\lambda_{\max}\right)}\right|\geq v\right]\leq\frac{2\mathrm{Var}\left[\sum_{i\in\mathcal{N}}A_i^k(t)\right]+2\mathrm{Var}\left[\sum_{i\in L}C_{ji}(t)\right]}{v^2}\quad（6-45）$$

式中，Var 表示方差，$\mathrm{Var}\left[\sum_{i\in\mathcal{N}}A_i^k(t)\right]$ 以及 $\mathrm{Var}\left[\sum_{i\in L}C_{ji}(t)\right]$ 可以根据它们对应的概率密度函数进行计算。

证明：

为了计算虚拟数据的数量，考虑数据队列长度为 0 的节点 i，即必须生成虚拟数据来平衡传输的情况。由于请求的传输速率与数据和虚拟数据的总传输速率是一样的，所以可得到

$$\sum_{j\in Z(i)}\sum_{k\in\mathcal{K}}\gamma_{ij}^k(t)=\sum_{j\in Z(i)}\sum_{k\in\mathcal{K}}[r_{ji}^k(t)]^+ +\sum_{j\in Z(i)}\sum_{k\in\mathcal{K}}[\mu_{ji}^k(t)]^+ -\sum_{j\in Z(i)}\sum_{k\in\mathcal{K}}[\mu_{ij}^k(t)]^+\quad（6-46）$$

在 t 为 0 到 T 上求和，可得到

$$\sum_{i\in\mathcal{N}}\sum_{k\in\mathcal{K}}\sum_{t=0}^{T}H_i^k(t)=\sum_{i\in\mathcal{N}}\sum_{k\in\mathcal{K}}[D_i^k(t)+Q_i^k(t)]\quad（6-47）$$

为了从概率意义上研究虚拟数据的数量，首先分析平均请求/数据的队列长度的期望。根据定理 4 可得到

$$E\left[\sum_{i\in\mathcal{N}}\sum_{k\in\mathcal{K}}D_i^k(t)\right]\leq E\left[\sum_{i\in\mathcal{N}}\sum_{k\in\mathcal{K}}Q_i^k(t)\right]\leq\frac{(1+\alpha)B}{2\left(\epsilon-\frac{1}{1+\alpha}\lambda_{\max}\right)}\quad（6-48）$$

然后分析平均请求/数据队列长度的方差。请求队列的进入速率是 A_i^k，从网络的视角来看，请求队列的离开速率是 $\sum_{i\in\mathcal{N}}b_i^k(t)\sum_{j\in Z(i)}(\mu_{ji}^k(t))^+$，因此可得到

$$\mathrm{Var}\left[\sum_{i\in\mathcal{N}}Q_i^k(t)\right]\leq\mathrm{Var}\left[\sum_{i\in\mathcal{N}}A_i^k(t)\right]+\mathrm{Var}\left[\sum_{i\in\mathcal{L}}C_{ji}(t)\right]\quad（6-49）$$

式中，Var 代表方差。可得到如下不等式

$$\sum_{i\in\mathcal{N}}b_i^k(t)\sum_{j\in Z(i)}[\mu_{ji}^k(t)]^+\leq\sum_{i\in\mathcal{N}}\sum_{j\in Z(i)}[\mu_{ji}^k(t)]^+\leq\sum_{i\in\mathcal{L}}C_{ji}(t)\quad（6-50）$$

式中，第一个不等式是由于 $b_i^k(t) \leqslant 1$，第二个不等式是由于信道容量限制。类似地，数据队列的进入和离开速率是请求队列进入和离开速率的反向，可得到

$$\text{Var}\left[\sum_{i \in \mathcal{N}} D_i^k(t)\right] \leqslant \text{Var}\left[\sum_{i \in \mathcal{N}} A_i^k(t)\right] + \text{Var}\left[\sum_{i \in \mathcal{L}} C_{ji}(t)\right] \qquad （6\text{-}51）$$

因此，生成的虚拟数据总量的期望和方差的上界为

$$E\left[\sum_{i \in \mathcal{N}} \sum_{t=0}^{T} H_i^k(t)\right] \leqslant \frac{(1+\alpha)B}{\left(\epsilon - \dfrac{1}{1+\alpha}\lambda_{\max}\right)} \qquad （6\text{-}52）$$

$$\text{Var}\left[\sum_{i \in \mathcal{N}} \sum_{t=0}^{T} H_i^k(t)\right] \leqslant 2\text{Var}\left[\sum_{i \in \mathcal{N}} A_i^k(t)\right] + 2\text{Var}\left[\sum_{i \in \mathcal{L}} C_{ji}(t)\right] \qquad （6\text{-}53）$$

上述不等式可通过勒比雪夫定理得到。证毕。

注记 8：

根据定理 5 可知，当虚拟数据超过阈值时，向系统添加更多虚拟数据的概率将按照 $O(1/v^2)$ 下降，其中 v 是虚拟数据数量和阈值之间的距离。因此，虚拟数据变为无穷大的概率接近 0，这表明虚拟数据的平均数量在随机意义上是有上限的，即添加的虚拟数据不会影响系统稳定性，但生成的虚拟数据最终会产生相同数量的数据，这些数据始终停留在系统中，以保证双队列系统的动态映射有效。

允许节点转发请求，会稍微增加通信开销。假设节点 i 的请求队列的长度大于节点 j 的请求队列的长度，并且帧长为 T，则通信包括四个阶段：

① 节点 i 和节点 j 交换队列信息，需要的时间为 T_{sig}。

② 节点 i 和节点 j 执行本章算法，需要的时间为 T_{proc}。

③ 节点 i 将请求转发到节点 j，需要的时间为 T_{sig}，因为请求只是一个信息而不是大量的数据。

④ 节点 j 将数据/虚拟数据转发到节点 i，需要的时间为 T_{data}。

由于增加了请求转发时间，系统的性能将稍微下降。具体而言，请求转发时间 T_{sig} 带来的影响在定理 6 中给出。

定理 6：通信开销对系统性能的影响

如果进入速率向量 $\left(1+\dfrac{2T_{\text{sig}}+T_{\text{proc}}}{T}\right)\lambda$ 在容量区域 Λ 内部，则对于任意 T_{sig} 和 T_{proc}，均有 $0<\left(\dfrac{2T_{\text{sig}}+T_{\text{proc}}}{T}\right)\lambda_{\max}\leqslant\varepsilon$，其中 $\lambda_{\max}=\max_{i,k}\{\lambda_i^k\}$，因此本章算法可以使系统中的所有队列保持稳定。如果本章算法是最优算法的 $\dfrac{1}{1+\alpha}$ 近似，那么容量区域会缩小 $\dfrac{1}{1+\alpha}\lambda_{\max}$，队列长度将满足

$$\lim_{T\to\infty}\frac{1}{T}\left[\sum_{t=0}^{T}\sum_{i\in\mathcal{N}}\sum_{k\in\mathcal{K}}D_i^k(t)\right]\leqslant\lim_{T\to\infty}\frac{1}{T}\left[\sum_{t=0}^{T}\sum_{i\in\mathcal{N}}\sum_{k\in\mathcal{K}}Q_i^k(t)\right]\leqslant\frac{(1+\alpha)B}{2\left[\epsilon-\dfrac{1}{1+\alpha}\lambda_{\max}-\left(\dfrac{2T_{\text{sig}}+T_{\text{proc}}}{T}\right)\lambda_{\max}\right]}$$

（6-54）

$$\lim_{T\to\infty}\frac{1}{T}\left[\sum_{t=0}^{T}\sum_{i\in\mathcal{N}}\sum_{k\in\mathcal{K}}W_i^k(t)\right]\leqslant\frac{(1+\alpha)B}{2\left[\epsilon-\dfrac{1}{1+\alpha}\lambda_{\max}-\left(\dfrac{2T_{\text{sig}}+T_{\text{proc}}}{T}\right)\lambda_{\max}\right]}$$

（6-55）

请注意，几乎所有基于队列的算法都会因交换队列信息和执行算法造成性能的损失。

6.5 仿真结果

本节通过仿真对本章提出的算法——分布式转发和缓存算法进行性能评估。仿真环境是由 300 个节点随机形成的一个全连接的图，链路容量 $C_{ab}(t)=\log_2[1+g_{ij}(t)p_{\text{link}}]$，其中 $g_{ij}(t)$ 是信道衰落系数，服从瑞利分布，其值是 0.01；p_{link} 表示每条链路的转发功率，其值为 1 mW。在仿真中，只有一个节点作为缓存所有数据的服务器，以确保系统稳定，而其他节点的缓存有限，最初缓存为空。所有节点具有相同的缓存大小，并设置为 30 个数据包。所有节点的请求按照平

均到达速率相同的泊松分布随机到达,系统中有 3000 个数据包。在每种情况下,仿真随机生成 10 个实例以获得平均性能。

图 6-2 所示为请求队列的稳定性。在仿真中,每个数据包的平均请求到达速率为 6 个数据包/时隙,系统中有 3000 个数据包,300 个节点,每个节点缓存大小为 30 个数据包。从图 6-2 可以看出,从 0 s 到 600 s,平均请求队列长度迅速振荡下降,这种振荡下降现象是由两个原因造成的:①如果一个节点缓存了一个数据,它将生成尽可能多的数据以满足所有的请求,这就造成了平均请求队列长度快速下降;②由于链路容量限制,数据从一个节点到另一个节点需要花费几个时隙,导致偶尔出现振荡增加。在 600 s 之后,平均请求队列长度接近 150 个数据包并且在有限区域内波动,这验证了前文对本章算法的稳定区域分析。

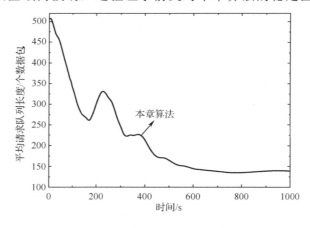

图 6-2　请求队列的稳定性

图 6-3 到图 6-6 给出了本章算法的性能仿真,并和以下算法进行了对比。

(1)吞吐量优先算法(Throughput-optimal algorithm):通过转发和缓存算法分解 Lyapunov 优化问题来进行优化[15]。

(2)基于 LRU 的背压算法(LRU):使用最少的缓存替换算法[29]和背压算法[10]来进行优化。

(3)基于 LCE 的背压算法(LCE):使用接收即存储的缓存算法[23]和背压算法来进行优化。

(4)基于 UNIF 的背压算法(UNIF):使用均匀随机存储算法[30]和背压算法来进行优化。

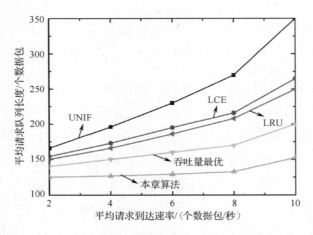

图 6-3　平均到达速率对本章算法性能的影响

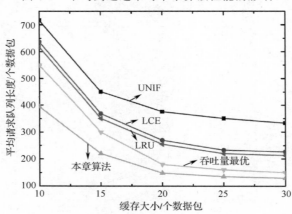

图 6-4　缓存大小对本章算法性能的影响

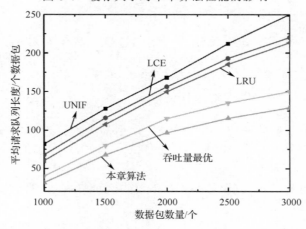

图 6-5　数据包数量对本章算法性能的影响

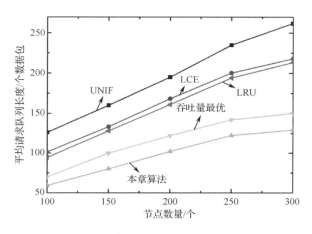

图 6-6　节点数量对本章算法性能的影响

图 6-3 到图 6-6 给出的仿真结果表明，本章算法的性能优于其他 4 种算法，因为本章算法联合优化转发和缓存，而其他 4 种算法分别优化转发和缓存。在本章算法中，本地请求队列包括内容需求和网络拥塞信息，根据这些信息可动态替换缓存的内容和转发请求，从而提高性能。仿真结果还表明，吞吐量优先算法优于 LRU、LCE 和 UNIF 算法。通过优化 Lyapunov 偏移的更紧边界带来的性能改善超出了由于每个时隙中随机优化的次优性，从而导致的性能损失。

图 6-3 表明，对于较小的平均请求到达速率，本章算法的性能几乎不受影响（如平均请求到达速率小于 8 个数据包/秒时），因为如果由一个节点决定缓存数据，则它会在一个时隙中产生尽可能多的数据满足所有的请求。当平均请求到达率足够大（如平均请求到达速率大于 8 个数据包/秒时）并且具有有限的缓存大小和容量限制时，随着平均请求到达速率的增加，本章算法的性能迅速降低。

图 6-4 表明，当缓存较小时，本章算法的性能受到较大的影响，这说明联合优化的重要性。在图 6-4 中观察到了一个有趣的现象，即当缓存容量大时，本章算法性能不受影响，由此可知，本章算法在有限的缓存大小下实现了良好的性能。

图 6-5 和图 6-6 表明，由于转发和缓存算法具有大量的自由度（DoF），因此当数据和节点数量较大时，本章算法的性能较好。

6.6 结论

本章通过 Lyapunov 优化和随机网络效用最大化设计了低复杂度的分布式转发和缓存算法。首先，为了从本地队列中提取网络状态信息，本章引入了请求/数据队列动态映射的双队列系统，并引入了虚拟数据来确保通过反向链路传输的数据量与转发请求的数量相同。其次，为了得到高效的转发和缓存算法，本章使用随机网络效用最大化来迭代更新请求/数据转发向量和数据缓存，证明了本章算法在随机环境下实现了队列的稳定性，仿真结果证实了本章算法的性能优于其他 4 种算法。

参考文献

[1] Yang C, Yao Y, Chen Z, et al. Analysis on cache-enabled wireless heterogeneous networks[J]. IEEE Transactions on Wireless Communications, 2015, 15(1): 131-145.

[2] Luo J, Zhang J, Cui Y, et al. Asymptotic analysis on content placement and retrieval in MANETs[J]. IEEE/ACM Transactions on Networking, 2016, 25(2): 1103-1118.

[3] Bastug E, Bennis M, Debbah M. Living on the edge: The role of proactive caching in 5G wireless networks[J]. IEEE Communications Magazine, 2014, 52(8): 82-89.

[4] Wang X, Chen M, Taleb T, et al. Cache in the air: Exploiting content caching and delivery techniques for 5G systems[J]. IEEE Communications Magazine, 2014, 52(2): 131-139.

[5] Ahlehagh H, Dey S. Video caching in radio access network: Impact on delay and capacity[C]// 2012 IEEE Wireless Communications and Networking Conference, 2012: 2276-2281.

[6] Gu J, Wang W, Huang A, et al. Distributed cache replacement for caching-enable base stations in cellular networks[C]// 2014 IEEE International Conference on Communications, 2014: 2648-2653.

[7] Lan R, Wang W, Huang A, et al. Device-to-device offloading with proactive caching in mobile cellular networks[C]// 2015 IEEE Global Communications Conference, 2015: 1-6.

[8] Shanmugam K, Golrezaei N, Dimakis A G, et al. Femtocaching: Wireless content delivery through distributed caching helpers[J]. IEEE Transactions on Information Theory, 2013, 59(12): 8402-8413.

[9] Bao Y, Wang X, Zhou S, et al. An energy-efficient client pre-caching scheme with wireless multicast for video-on-demand services[C]// 2012 18th Asia-Pacific Conference on Communications, 2012: 566-571.

[10] Wang X, Chen M, Han Z, et al. Content dissemination by pushing and sharing in mobile cellular networks: An analytical study[C]// 2012 IEEE 9th International Conference on Mobile Ad-Hoc and Sensor Systems, 2012: 353-361.

[11] Neely M J. Stochastic network optimization with application to communication and queueing systems[M]. Berlin：Springer, 2022.

[12] Awerbuch B, Leighton T. A simple local-control approximation algorithm for multicommodity flow[C]// Proceedings of 1993 IEEE 34th Annual Foundations of Computer Science, 1993: 459-468.

[13] Cui Y, Yeh E M, Liu R. Enhancing the delay performance of dynamic backpressure algorithms[J]. IEEE/ACM Transactions on Networking, 2015, 24(2): 954-967.

[14] Wang W, Shin K G, Wang W. Distributed resource allocation based on queue balancing in multihop cognitive radio networks[J]. IEEE/ACM Transactions on Networking, 2011, 20(3): 837-850.

[15] Athanasopoulou E, Bui L X, Ji T, et al. Back-pressure-based packet-by-packet adaptive routing in communication networks[J]. IEEE/ACM Transactions on Networking, 2012, 21(1): 244-257.

[16] Yeh E, Ho T, Cui Y, et al. VIP: A framework for joint dynamic forwarding and caching in named data networks[C]// Proceedings of the 1st ACM Conference on Information-Centric Networking, 2014: 117-126.

[17] Dehghan M, Jiang B, Seetharam A, et al. On the complexity of optimal request routing and content caching in heterogeneous cache networks[J]. IEEE/ACM Transactions on Networking, 2016, 25(3): 1635-1648.

[18] Khreishah A, Chakareski J, Gharaibeh A. Joint caching, routing, and channel assignment for collaborative small-cell cellular networks[J]. IEEE Journal on Selected Areas in Communications, 2016, 34(8): 2275-2284.

[19] Ioannidis S, Yeh E. Jointly optimal routing and caching for arbitrary network topologies[C]// Proceedings of the 4th ACM Conference on Information-Centric Networking, 2017: 77-87.

[20] Lai F, Qiu F, Bian W, et al. Scaled VIP algorithms for joint dynamic forwarding and caching in named data networks[C]// Proceedings of the 3rd ACM Conference on Information-Centric Networking, 2016: 160-165.

[21] Eum S, Nakauchi K, Murata M, et al. CATT: potential based routing with content caching for ICN[C]// Proceedings of the second edition of the ICN workshop on Information-centric networking, 2012: 49-54.

[22] Ming Z, Xu M, Wang D. Age-based cooperative caching in information-centric networks[C]// 2012 Proceedings IEEE INFOCOM Workshops. IEEE, 2012: 268-273.

[23] Wang W, Lau V K N. Delay-aware cross-layer design for device-to-device communications in future cellular systems[J]. IEEE Communications Magazine, 2014, 52(6): 133-139.

[24] Cui Y, Lau V K N, Wang R, et al. A survey on delay-aware resource control for wireless systems—Large deviation theory, stochastic Lyapunov drift, and distributed stochastic learning[J]. IEEE Transactions on Information Theory, 2012, 58(3): 1677-1701.

[25] Yeh E M. Multiaccess and fading in communication networks[D]. Cambridge: Massachusetts Institute of Technology, 2001.

[26] Bertsekas D. Dynamic programming and optimal control: Volume I[M]. Nashua, SH: Athena scientific, 2012.

[27] Chen J, Lau V K N, Cheng Y. Distributive network utility maximization over time-varying fading channels[J]. IEEE Transactions on Signal Processing, 2011, 59(5): 2395-2404.

[28] Cheng Y, Lau V K N. Distributive power control algorithm for multicarrier interference network over time-varying fading channels—Tracking performance analysis and optimization[J]. IEEE Transactions on Signal Processing, 2010, 58(9): 4750-4760.

[29] Bertsekas D, Tsitsiklis J. Parallel and distributed computation: numerical methods[M]. Nashua, SH: Athena Scientific, 2015.

[30] Puzak T R. Analysis of cache replacement-algorithms[J]. Thesis Univ Massachusetts, 1985.

[31] Yeh E, Ho T, Cui Y, et al. Forwarding, caching and congestion control in named data networks[J]. 2013.

[32] Lorentz G G. Approximation of functions, athena series[J]. Selected Topics in Mathematics, 1966.

第 7 章
基于高斯过程的网络流量模型动态
拟合与多步预测研究

7.1 概述

7.1.1　网络流量预测对网络资源管理的意义

在实际的移动边缘计算系统中，不仅寻找额外的物理资源是困难的，而且已有资源往往会受到各种限制。通过对网络流量进行预测，可以提升移动边缘计算系统的资源利用效率，并进一步降低时延。网络流量预测是未来智能网络中不可或缺的元素，其应用场景非常广泛，包括但不限于软件定义网络（Software Defined Network，SDN）中的 QoS 路由[2]、网络功能虚拟化（Network Function Virtualization，NFV）的中间盒放置[3]、主动拥塞控制机制[4]、光网络中的波长建立[5]、具有鲁棒性的无关路由[6-7]等。通过预测信息，可以显著改善时延、丢包率和抖动性能。此外，业界对基于预测信息的网络控制技术非常感兴趣，例如，3GPP LTE Release 8 提出的自组织网络（Self Organized Network，SON）开创了智能网络控制的理念，3GPP LTE Release 17 也提出了跨度更大的智能网络解决方案[8]。

7.1.2　网络流量预测的基本要求

为了将网络流量预测用于智能网络管理，对网络流量预测的基本要求是：

（1）跟踪能力。跟踪能力是指网络流量预测紧密跟随真实网络流量特征变化的能力。随着越来越多的用户和应用通过异构网络加入互联网，例如物联网、移动边缘计算系统和无线缓存网络等，来自不同链路、不同时间和不同时间尺度的流量具有不同的特征，这就要求网络流量预测在不同的场景下都具有强大的跟踪能力。

（2）预测步数。预测步数表示需要预测未来网络流量的时隙数目。网络运营商通常需要一定的时间来根据预测网络流量并重新配置网络，因为立即改变网络拓扑和一部分关键参数的成本非常高甚至不可行。要实现准确的多步预测是非常具有挑战性的，因为预测误差会随着预测步数的增加而快速累积。

7.1.3　网络流量预测的研究现状

7.1.3.1　网络流量的单步预测

在基于统计学的网络流量预测中，最经典的算法是自回归积分滑动平均（Auto Regressive Integrated Moving Average，ARIMA）模型。ARIMA 模型只考虑最近的几条记录，完全没有考虑时间上更远的有用信息。为了解决这个问题，ARIMA/自回归条件异方差（Generalized Autoregressive Conditional Heteroskedastictity，GARCH）被提出，可进行具有长期相关性时间序列的预测[11]。当把问题限定在网络流量时间序列时，文献[16]使用重尾分布的 $\alpha-$ 稳定模型来处理网络流量中特殊的突发特征。然而，这些算法依赖于网络流量特征的先验知识，忽略了网络流量变化的性质，因此跟踪快速变化的网络流量仍然很困难。

在基于 ML 的预测算法中，长短期记忆网络（Long Short Term Memory，LSTM）是循环神经网络（Recurrent Neural Network，RNN）的一个变型，适用于学习时间序列中空间和时间的长、短期依赖关系，通过引入输入门、遗忘门和输出门来保存过去的信息[18]。为了减轻训练过程的计算复杂度，文献[17]提出了随机连接的 LSTM（Randomly Connected LSTM，RCLSTM），其记忆模块中的神经元是稀疏连接的。与全连接的 LSTM 相比，RCLSTM 可以节省 30% 的训练时间，而代价只是性能的轻微下降。文献[19]表明，在频域中，网络流量的低通和高通成分表现出不同的模式，因此可将网络流量划分为两部分，并采用深度信念网（Deep Belief Network，DBN）来进行预测。然而，为了跟踪不断变化的网络流量特征，有必要经常更新部分甚至全部的参数和超参数，如果没有定制的硬件和软件加速，在实际中将是不可行的。

7.1.3.2　网络流量的多步预测

网络流量的多频预测可以大致分为两类，即递归策略和直接策略[20]。对于递归策略，多步预测是通过迭代一个单步预测算法完成的，其中上一个迭代的输出被用于下一个迭代的输入[5]。这样做的好处是，只需要递归一个预测模型，直到所需的预测步数为止。然而，随着预测步数的增加，预测误差很容易大量累积。因此，这种策略不适合大预测步数的情况。直接策略是通过训练 N 个不同的模型来实现 N 步预测的，其中第 i 个模型预测的是第 i 步的网络流量[21]。然而，N 个模型通常是以单独的方式训练的，因此 N 个输出是独立产生的，没有考虑到其中的相关性。

7.1.3.3　网络流量预测技术

ARIMA[11]被广泛应用于时间序列分析。具体来说，ARIMA 通过将过去的加权记录与随机高斯白噪声的移动平均值相结合来进行预测。然而，由于 ARIMA 利用的是最近的几条记录，数据之间的长期相关性往往会被忽略。由于机器学习（Machine Learning，ML）等人工智能（Artificial Intelligence，AI）技术的进步，更多的基于 ML 的预测模型因其高精确度和通用性而得到广泛应用。例如，LSTM 经常用于处理时间序列，因为它可以有效地平衡时间序列中的短期和长期依赖关系[12]，然而训练深度神经网络并不容易，需要大量的数据作为支撑，因此它很难跟踪快速变化的网络流量特征。

为了解决上述问题，本章采用一种轻量化非参数学习技术，即高斯过程（Gaussian Process，GP），该技术在非线性回归和分类等多个领域被证实是非常有效的[13]。简而言之，在基于 GP 的框架下，可以将发现的专家知识编码到 GP 的核函数中，并根据贝叶斯定理优化核函数的超参数，从而产生可解释的结果。

GP 是从高斯混合模型和贝叶斯定理中延伸出来的，它与基于核函数的机器学习和神经网络紧密相连。例如，无限宽的深度网络和 GP 之间的等价关系在文献[22]中被证实。一般来说，GP 由一系列随机变量组成，这些随机变量的任何组合都会形成联合高斯分布[23]。因此，GP 可以描述一个函数的概率分布，

即 根 据 贝 叶 斯 定 理 近 似 任 意 给 定 系 统 的 输 入 $X = \{x_1, x_2, \cdots, x_K\}$ 和 输 出 $Y = \{y_1, y_2, \cdots, y_K\}$ 之 间 的 映 射 函 数。

给定输入 X，相应的输出为

$$Y = f(X) + \epsilon \qquad (7\text{-}1)$$

式中，ϵ 是一个服从均值为零、方差为 σ^2 的独立同分布的高斯噪声，它一般由系统误差引起，如测量和建模不够准确。在 GP 框架下，$f(\cdot)$ 根据概率分布被近似为

$$f(X) \sim \text{GP}[m(X), K(X, X)] \qquad (7\text{-}2)$$

可以看出，近似精度完全由均值函数 $m(X)$ 和协方差函数 $K(X, X)$ 决定。其中，$m(X)$ 通常设置为零；$K(X, X)$ 通常称为核函数，用于定义两点之间的相关性。

当把 GP 应用于时间序列预测时，即在新的输入 x^* 中推断出 y^* 的概率分布，本章首先推导出 Y 和 $f(x^*)$ 的联合先验分布，即

$$\begin{bmatrix} Y \\ f(x^*) \end{bmatrix} \sim \left\{ \begin{bmatrix} 0 \\ 0 \end{bmatrix}, \begin{bmatrix} K(X, X) + \sigma^2 I, K(X, x^*) \\ K(x^*, X), \qquad K(x^*, x^*) \end{bmatrix} \right\} \qquad (7\text{-}3)$$

式中，$K(X, X)$ 需要满足对称半正定（Positive Semi Definite，PSD）条件。然后对 Y 的联合高斯先验分布进行分析，$f(x^*)$ 的后验分布为

$$p[f(x^*)|(X, Y, x^*)] \sim \mathcal{N}[\hat{f}(x^*), \sigma^2(x^*)] \qquad (7\text{-}4)$$

式中，预测的平均值和方差分别为

$$\hat{f}(x^*) = K_*^{\text{T}}[K(X, X) + \sigma^2 I]^{-1} Y \qquad (7\text{-}5)$$

$$\sigma^2(x^*) = K(x^*, x^*) - K_*^{\text{T}}[K(X, X) + \sigma^2 I]^{-1} K_* \qquad (7\text{-}6)$$

式中，$K_* = K(X, x^*)$；K 和 σ 的超参数是通过最小化负的边际似然概率来调整的，即

$$\min_{K, \sigma} Y^{\text{T}}[K(X, X) + \sigma^2 I]^{-1} Y + \log_2 \left| K(X, X) + \sigma^2 I \right| \qquad (7\text{-}7)$$

上述优化方程可以通过梯度算法求解[23]。

GP 在解决网络流量预测问题时有以下几个优势：

（1）可以将发现的网络流量特征动态编码到核函数中，从而提高跟踪能力并产生更加准确的预测。

（2）推断的后验分布为网络流量预测提供了非常合适的不确定性测量手段，这对网络管理的鲁棒性至关重要，显著提高了基于数据驱动的学习算法的可解释性。

在处理网络流量预测问题时，这种基于核函数的方法具有显著的可解释性，因为网络流量的主要模式，如自相似性和长短期依赖关系，可以被编码到核函数中，从而产生比较准确的预测结果[14]。此外，作为对预测结果不确定性的度量，GP 可以推断出预测的后验分布。

文献[15]从一个真实网络流量数据集中发现了三种不同的模式，即周/天的周期性、动态偏差和随机变化。因此，GP 的核函数被设计为 2 个周期性函数、1 个有理二次方（Rational Quadratic，RQ）函数、1 个平方指数（Squared Exponential，SE）函数之和。该文献所提出的算法只适用于执行单步预测，并且不能跟踪不断变化的网络流量。

在文献[5]中，自相似性和周期性的特征被编码到 GP 的核函数中，用于产生多步预测，其中自相似性是由 Hurst 估计法来描述的，核函数被设计为周期性函数乘以 SE 函数，再加上一个 RQ 函数。由于预测结果被重复使用，即时隙 $t+k-1$ 的预测流量被视为 $t+k$ 时隙预测的输入，因此预测误差很容易累积。

综上所述，目前的研究工作仍然面临两个关键的限制因素。

（1）设计一个好的核函数需要非常多的专家知识，而且网络结构比以往更加多样化，一个固定的核函数并不能准确地表达不断变化的网络流量动态特征。

（2）即使这些短期预测模型已被证明是有效的，但其前提条件仅仅是单步预测。准确的多步预测对网络运营商的帮助更大，但多步预测的误差会随着预测步数的增加而快速累积。

目前，将 GP 直接应用于网络流量预测的文献并不多。对于准确的单步预测，文献[15,24]通过简单基本函数的不同组合生成了一个可行的核函数，从而反映了网络流量的几个特征，如自相似性和周期性。对于多步预测，文献[5]首先使用 GP 在不同时间尺度上对网络流量进行建模，然后使用迭代法完成多步预测。文献[21]首先利用 GP 对网络流量进行分类，然后基于反向传播进行多步预测。

7.1.4　贡献

为了应对上述的限制因素，本章提出了一个在线学习和预测框架，可动态地发现并利用网络流量时间序列中的模式产生准确的多步预测，主要贡献有以下三点。

（1）在分析一个公开的网络流量数据集的基础上，本章首先揭示了网络流量有多种模式，并且这些模式随着时间的推移而动态变化。为了自适应地发现不同时间和不同时间尺度上的网络流量模式，并跟踪这些高度变化的特征，本章接着利用频谱混合（Spectral Mixture，SM）函数，即频域中的高斯函数混合，动态地寻找一个近似最优的核函数，其中混合成分的数量和超参数可根据当前网络流量进行动态调整。

（2）为了生成准确的多步预测，本章提出了一个多时间尺度学习和预测结构，在多个时间尺度上对网络流量进行建模，并使用基于 GP 的框架在多个时间尺度上进行联合分析。一方面，对相同的网络流量在多个时间尺度上建模，这样一来，在进行多步预测时可以限制预测结果的重复使用，以减少预测误差随预测步数的快速累积。另一方面，采用过程卷积（Process Convolution，PConv）来充分利用多个时间尺度的相关性，从而进一步完善预测结果。

（3）虽然增加混合成分的数量可以提高性能，但会带来额外的复杂度。为了在不显著提升复杂度的基础上提高跟踪能力，本章采用 Lyapunov 优化对基于 GP 的框架的网络流量预测进行修改。具体而言，本章首先建立了一个队列系统来记录之前的预测误差。然后根据基于 GP 的框架的预测结果对该队列系统进行简化。这样一来，采用 Lyapunov 优化带来额外的复杂度就不会随着预测步数的增加而增加。最后，通过最小化 Lyapunov 偏移来修改基于 GP 的框架的预测结果。

7.2 系统模型

7.2.1 网络模型

考虑一个一般的多跳网络，该网络可以通过一个有向图 $\mathcal{G} = (\mathcal{E}, \mathcal{L})$ 来建模，其中包含 E 个节点和 L 条链路。J 个应用在 $\mathcal{G}$ 中运行，每个应用在源节点-目标节点[26]之间产生一个流。时间是按时隙划分的，每个时隙的持续时间是一个单位时间。在 $\mathcal{G}$ 中部署了多径路由，即每个流可以使用多条路径从其源节点传输到目标节点，这为网络增加了可靠性，并且也非常容易实现[26]。与第 j 个流相关的可用路径表示为 $\mathcal{P}_j$，因此可以通过拓扑矩阵 $A_j(t)$ 将路径映射到链路，即

$$a_{j,l,p}(t) = \begin{cases} 1, & \text{路径} \mathcal{P}_j \text{不属于链路} l \\ 0, & \text{其他} \end{cases} \quad (7\text{-}8)$$

为了获得链路 l（$l \in \mathcal{L}$）上的网络流量 $y_l(t)$ 以进行机器学习，将 $w_{j,p}(t)$ 表示为路径 p 上流 j 的流量，可得

$$y_l(t) = \sum_{j \in \mathcal{L}} \sum_{p \in \mathcal{P}_j} a_{j,l,p}(t) w_{j,p}(t) \quad (7\text{-}9)$$

当时隙长度小于 $\mathcal{G}$ 中数据包的往返时间（Round Trip Time，RTT）时，该建模方法是有效的[27]。由于受限的缓存空间，只有 $A_j(t)$ 和 $W_j(t)$ 在过去 M 个时隙中的信息可用于机器学习。

7.2.2 提出问题

本章旨在利用有限的历史信息在 t 时隙开始时预测相关链路上的未来 N 步网络流量。为此，链路上的网络流量被建模成一个时间序列，即 $\{y(t-M), y(t-M+1), \cdots, y(t), y(t+1), \cdots, y(t+N-1)\}$，为了简化符号，省略了链路索引，将其记为 $y(t)$。为了产生准确的 N 步预测，本章不仅利用一个时间尺度

内时间序列的相关性，还利用多个时间尺度之间时间序列的相关性，因此在时隙 $t+i, i \in \{0,1,\cdots,N-1\}$ 的预测是根据 $\hat{y}(t+i) = h_i(y(t-M),\cdots,y(t-1),\hat{y}(t),\cdots,\hat{y}(t+N-1))$ 得出的，其中 $h_i(\cdot)$ 表示在第 i 个时间尺度中的网络流量预测函数。

7.3 基于 GP 的多步预测

　　网络流量是由许多开、关数据源组成的，其开、关周期具有随机性。据观察，网络流量时间序列具有一些特殊属性，如自相似性和周期性[29-30]。通过 SE 函数和周期函数的叠加可以将上述属性编码到高斯过程的核函数中，因此通过高斯过程可以产生较为准确的网络流量预测结果[5,15]。根据对公开的数据集 GEANT 的分析，发现网络流量有多种模式，并且这些模式会随着时间的推移动态变化。图 7-1 给出了两个不同时间序列的频谱图，这两个时间序列是从不同的起始点开始收集的，即 $\{y(1),y(2),\cdots,y(400)\}$ 和 $\{y(100),y(101),\cdots,y(499)\}$。频谱图中除了存在一个主导模式（振幅最大的峰），还存在多个非主导模式（振幅较小的峰）。此外，这些振幅较小的峰不仅其高度随时间变化，而且在横轴上的位置也随时间变化。由于 SE 函数只能捕获位于原点的主导模式，而两个周期性核函数（反映每日、每周的周期性[15]）只能捕获横轴上固定位置的两个非主导模式，所以本章通过设计一个更灵活的核函数来改善预测结果。

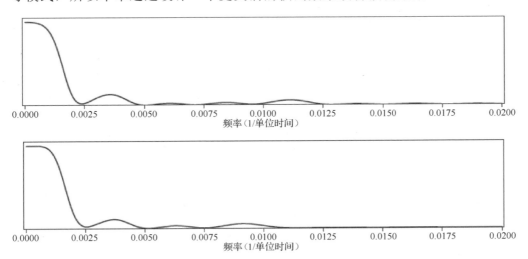

图 7-1　两个不同时间序列的频谱图

本章提出了一个自适应学习和预测框架，将发现的多个模式准确地编码到核函数中，并利用高斯过程产生较为准确的多步预测。

7.3.1　核函数设计

为了提高核函数的灵活性，下面先介绍 Bochner 定理[31]。

定理 1：Bochner 定理

当且仅当复值函数 $K(\cdot)$ 可以被表示为

$$K(x_i, x_j) = \int_{R^P} e^{2\pi i s^T \tau} \psi \mathrm{d}s \qquad （7\text{-}10）$$

式中，$\tau = x_i - x_j$；ψ 是一个正的有限度量，则该复值函数 K 是 R^P 上弱稳态均方连续复值随机过程的协方差函数。给定 ψ 的密度 $S(s)$，$K(\cdot)$ 和其频谱密度 $S(\cdot)$ 是傅里叶对偶，即

$$K(x_i, x_j) = \int S(s) e^{2\pi i s^T \tau} \mathrm{d}s \qquad （7\text{-}11）$$

$$S(s) = \int K(\tau) e^{-2\pi i s^T \tau} \mathrm{d}\tau \qquad （7\text{-}12）$$

基于上述分析，发现一个任意的核函数可以被表示为频域中密度函数的积分。因此，将时域中的核函数设计转化为频域中的核函数设计是可能的，这大大方便了对发现的模式进行编码。

文献[32]证明了具有非零均值的高斯混合函数将会产生稠密的频谱，因为这种混合函数在所有分布函数的集合中是密集的，因此可以设计相应的核函数，即

$$K(x_i, x_j) = \sum_{q=1}^{Q} \omega_q e^{-2\pi \tau^2 v_q} \cos(2\pi \tau \mu_q) \qquad （7\text{-}13）$$

式中，$\tau = x_i - x_j$（$i > j$），表示 x_i 和 x_j 之间的距离；Q 是混合成分的数量；ω_q 表示每个成分的相对贡献；$1/\mu_q$ 表示每个成分的周期；$1/v_q$ 表示长度尺度，反映了一个成分随 τ 变化的速度。在第 q 个成分中，高斯分布拥有均值 μ_q 和协方差 v_q，通过调整这两个参数，可以捕捉到位于不同位置的峰值。因此，给定足够

多的混合成分，就有可能以任意的精度近似任何核函数，其代价是需要训练的超参数的数量线性增加。

7.3.2　多步预测的架构

本节首先定义了时间尺度的概念，并据此得到了多时间尺度训练数据集；然后将 PConv 纳入高斯过程中，并提出在该预测架构下给出了核函数的表达式；最后提出了 N 步网络流量预测框架。

（1）多时间尺度训练数据集。当拥有过去 M 个时隙的网络流量记录时，可建立 N 个时间尺度（$N<M$），用来产生未来 N 步预测。具体来说，在第 i 个时间尺度上的第 j 个流量样本 $p_{i,j}(t)$ 被定义为

$$p_{i,j}(t) = \sum_{k=1}^{i} y[t - (M-N) - k + j], \quad j \in \{1, 2, \cdots, M-N\} \tag{7-14}$$

多时间尺度的数据集生成示意图如图 7-2 所示，可以将 $p_{i,j}(t)$ 解释为在大小为 i 的滑动窗口内的聚合流量，用斜线方框标记，滑动窗口的移动步长为 1，这样就可以在每个时间尺度上都产生 $M-N$ 个流量样本。

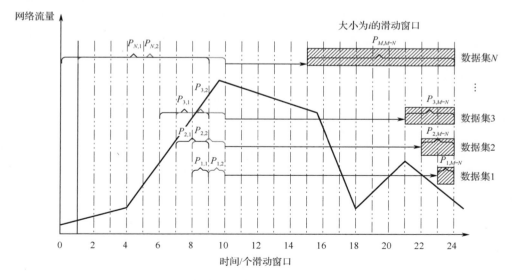

图 7-2　多时间尺度的数据集生成示意图

为了利用这些数据进行机器学习，在 N 个时间尺度上创建 N 个用于训练的

数据集，其中第 i 个数据集定义为

$$D_i(t) = \{X, P_i(t)\}, \quad i \in \{1, 2, \cdots, N\} \qquad (7\text{-}15)$$

式中，$X = \{1, 2, \cdots, M-N\}$；$P_i(t) = \{p_{i,1}(t), p_{i,2}(t), \cdots, p_{i,M}(t)\}$。

讨论 1：

为了尽可能地捕捉多个时间尺度之间的共享信息，除了网络流量时间序列固有的相关性，还可以通过在数据集之间共享一些成分来创造额外的相关性。例如，图 7-2 中的灰色方框，网络流量数据 $y(9-k)$ 由 $p_{i,j}(9)$ 共享，$k \in \{1, 2, \cdots, N-1\}$。

（2）将 PConv 纳入高斯过程。考虑未来 N 个时隙 $X^* = \{M-N+1, M-N+2, \cdots, M\}$，目标是估计相应的 N 个流量样本 $P^*(t+1) = \{p_{1,1}(t+1), p_{2,2}(t+1), \cdots, p_{N,N}(t+1)\}$。为此，把式（7-3）中的联合先验（即 $N=1$ 时的特殊情况）扩展为

$$\begin{bmatrix} P(t) \\ f(x^*) \end{bmatrix} \sim \left(\begin{bmatrix} 0 \\ 0 \end{bmatrix}, \begin{bmatrix} K(X,X)+\sigma^2 I, K(X,X^*) \\ K(X^*,X), \qquad K(X^*,X^*) \end{bmatrix} \right) \qquad (7\text{-}16)$$

式中，$K(X^*,X^*)$ 中的元素表示两个未来网络流量样本的相关性，而 $K(X^*,X)$ 中的元素代表未来网络流量样本和过去网络流量样本的相关性。虽然我们可以通过多次重复单步预测模型来产生多步预测模型，但由于以下两个原因，这样的算法性能比较差。

① 不同时间尺度的网络流量时间序列的内在相关性被完全忽略了。

② 混合成分的数量 Q 可能不够大，无法编码所有发现的模式。

设计利用同一个时间尺度和跨时间尺度相关性的算法是困难的，因为不恰当的方法甚至会导致性能下降。有很多方法可以利用相关性，例如：

① 核心区域化的线性模型（Linear Model of Coregionalization，LMC）：它将多个输出表达为几个隐函数的线性组合。

② 内在的核心区域化模式（Intrinsic Coregionalization Model，ICM）：它将隐函数的数量限制为一个，以减少 LMC 的复杂性。

③ 合作多输出高斯过程（Collaborative Multi-Output GP，CoMOGP）：它是在共性分解的基础上提出的，为了减少跨输出的负转移。

本章根据用于训练的数据集的表述，$p_{i,j}(t)(\forall i \in \{1,2,\cdots,N\})$ 中的任何一个元素是另一个元素的模糊版本。在这种情况下，前文的在线学习和预测框架的性能会受到影响，因为在不同的输出（不同的时间尺度）中，超参数是共享的。也就是说，隐性超参数的取值可能非常相似，这样就很难探索和利用其相关性。为了解决上述问题，本章将 PConv 纳入基于高斯过程的在线学习和预测框架。PConv 可以通过对基核函数与平滑核函数进行卷积来产生有效的核函数。通过纳入 PConv，不仅可以利用高斯过程的输出之间的相关性来模仿高斯过程的每个输出，还可以在每一路高斯过程的输出中采用不同的超参数。

本章将 PConv 的基核函数 $u(z)$ 定义为高斯白噪声，在这种情况下，如果平滑核函数是半正定的，就可以确保卷积之后，生成的核函数是半正定的，符合高斯过程的要求。基于高斯过程和 PConv 的多时间尺度在线学习和预测框架如图 7-3 所示，高斯过程（GP）的第 i 个输出的卷积核满足

$$K_i'(\tau) = \int_{-\infty}^{+\infty} K_i(\tau - z)u(z)\mathrm{d}z \tag{7-17}$$

$K_i'(\tau)$ 和 $K_j'(\tau)$ 之间的交叉协方差为

$$\mathrm{cov}[K_i'(\tau), K_j'(\tau)] = \int_{-\infty}^{+\infty} K_i(\tau - z)K_j(\tau - z)\mathrm{d}z \tag{7-18}$$

通过一个共同和特定的隐函数过程的混合可捕捉每个输出的共同和特定特征，因此，式（7-18）中的交叉协方差可以根据公式（7-19）计算。

$$K(x_i, x_j) = \begin{cases} K(x_i - x_j), & x_i, x_j \in X \\ \int_{-\infty}^{+\infty} K_i(x_i - x_j - z)K_j(x_i - x_j - z)\mathrm{d}z, & x_i, x_j \in X^* \\ \int_{-\infty}^{+\infty} K_i(x_i - x_j - z)u(z)\mathrm{d}z, & x_i \in X^*, x_j \in X \end{cases} \tag{7-19}$$

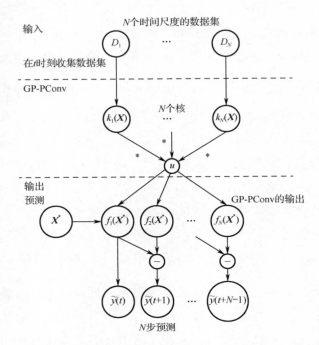

图 7-3　基于高斯过程和 PConv 的多时间尺度在线学习和预测框架

7.3.3　多步预测算法

为了生成 $y(t)$ 的多步预测，首先计算式（7-5）和式（7-6）中预测的平均值和方差，然后考虑 $p(\cdot)$ 的生成方式，可以根据式（7-20）得到 N 步预测值

$$\tilde{y}(t+i) = \begin{cases} \hat{f}_{i+1}(X^*), & i = 0 \\ \hat{f}_{i+2}(X^*) - \hat{f}_{i+1}(X^*), & i \in (1, 2, \cdots, N-1) \end{cases} \quad （7\text{-}20）$$

为了更好地跟踪不断变化的网络流量特征，需要不断地更新超参数。首先在时隙 $t = N \times k(\forall k \in Z^+)$ 的开始，丢弃 N 个最早的网络流量样本，并为每个数据集纳入根据式（7-14）计算得出的 N 个新的网络流量样本；然后使用梯度方法更新式（7-13）中的超参数[23]。

讨论 2：

不同时间尺度的数据集被用来共享更多的相关信息，这样就可以更好地利用 PConv 来输出的相关性，并提供更准确的预测结果。此外，由于建立了一个综合学习模型，即对时隙 $t+i$ 的网络流量预测只取决于时间尺度 i 和 $i+1$。在这个意义上，预测误差不会随着 N 的增加而累积，这使得在线学习和预测框架可以解决大预测范围的问题。

7.4 基于 GP 和 Lyapunov 优化的网络流量多步预测

到目前为止，本章已经把发现的 Q 种模式编码到核函数中，并使用基于 GP 的框架预测了网络流量的平均值和方差，相关的超参数每 N 个时隙被更新一次，用以提高跟踪能力。但存在以下两个问题：

（1）训练的超参数数量以 $O(NQ)$ 增长。在线学习和预测框架只能进行小的计算量，因此 Q 不可以选择过大；这反过来会影响预测性能，因为只有具有较多模式（较大的 Q）被编码到 GP 的核函数，才能保证预测性能。

（2）根据基于 GP 的框架的预测误差的 CDF，当 Q 较小时，基于 GP 的框架的预测容易低估真实网络流量。

为了在不增加 Q 的情况下提高基于 GP 的框架的预测性能，下面考虑一个激励性的例子。当 $\tilde{y}(t+i-1)$ 低估了网络流量时（这在 Q 较小的情况下经常发生），应该将预测改为

$$\hat{y}(t+i-1) = \tilde{y}(t+i-1) + u(\cdot) \tag{7-21}$$

式中，$u(\cdot) \geq 0$。相反，当 $\tilde{y}(t+i-1)$ 高估了网络流量时，有

$$\hat{y}(t+i-1) = \tilde{y}(t+i-1) - v(\cdot) \tag{7-22}$$

式中，$v(\cdot) \geq 0$。这样一来，修改后的预测值 $\tilde{y}(t+i-1)$ 就会更接近真实网络流量。也就是说，预测性能会得到改善。然而，由于因果关系的限制，$\tilde{y}(t+i-1)$ 在预测的时刻不能被明确知道，这为选择合适的 $v(\cdot)$ 和 $u(\cdot)$ 带来了额外的困难。

为了根据过去的统计数据确定 $v(\cdot)$ 和 $u(\cdot)$，本节采用 Lyapunov 优化，先将过去的错误信息存储在队列中，再根据当前的队列长度进行决策。这样一来，确定 $v(\cdot)$ 和 $u(\cdot)$ 的问题就可以转化为最小化每个时隙的 Lyapunov 偏移。本节建

立了 N 个高估队列和 N 个低估队列，用于分别记录累积的 N 步预测误差。由于难以直接处理 $2N$ 个队列，因此先分析较小 Q 时的预测误差的平均值、方差，其中网络流量数据以及预测值被归一化为

$$y_{\text{normalized}}(\tau) = \frac{y(\tau)}{\max_{\tau}\{y(\tau), \hat{y}(\tau)\}} \qquad （7\text{-}23）$$

$$\hat{y}_{\text{normalized}}(\tau) = \frac{\hat{y}(\tau)}{\max_{\tau}\{y(\tau), \hat{y}(\tau)\}} \qquad （7\text{-}24）$$

再计算平均值、方差。预测误差的平均值及方差如表 7-1 所示。

表 7-1　预测误差的平均值及方差

指　　标	值
预测误差的平均值	0.4273
预测误差的方差（全部）	0.1928
预测误差的方差（给定数据集）	0.0012

可以看出，在任何预测区间 $[t, t+N]$ 内的预测误差，对于 kN 中的所有 t 以及正整数集中所有 k 都是相似的，而不同预测区间的预测误差则不同，因为同一组超参数被用来预测每一个 N 步的流量。因此，可以用一个平均的低/高估队列来近似 N 个低/高估队列，以获得一个近似的解决方案，从而使得队列数量不再随 N 的变化而变化。$v(\cdot)$ 和 $u(\cdot)$ 通过 Lyapunov 优化确定后，可用于修改基于 GP 的框架的预测。

7.4.1　队列系统的建模

由于第 i 个高估队列 $W_i(\tau)$ 记录了 $y(t+i-1)$ 的高估量，其中 $\tau = (t+i-1)/N$，因此有必要保持 N 个高估队列。为了获得 $W_i(\tau)$ 的队列动态，需要分析其队列的到达和离开。具体来说，$W_i(\tau)$ 的离开只有一项，即修改项 $v_i(\tau)$；$W_i(\tau)$ 的到达由两项组成，第一项是在基于 GP 的框架的预测高估 $y(t+i-1)$ 时引入的；第二项是在基于 Lyapunov 修正高估 $y(t+i-1)$ 时引入的。具体来说，当 $\tilde{y}(t+i-1) < y(t+i-1)$ 时，可使用一个正的 $u_i(\tau)$ 去修改基于 GP 的框架的预测。如果 $u_i(\tau)$ 过大，即 $u_i(\tau) > y(t+i-1) - \tilde{y}(t+i-1)$，则额外的高估量将被带到 $W_i(\tau)$ 队列。

基于上述分析，$W_i(\tau)$ 的动态变化可由式（7-25）的第一行决定。

$$W_i(\tau+1) =$$

$$\underbrace{[W_i(\tau) - v_i(\tau)]^+}_{\text{队列离开}} + \underbrace{[\widetilde{y_i}(t+i-1) - y_i(t+i-1)]^+}_{\text{高估量}} \quad （7\text{-}25）$$

$$+ \underbrace{[\widetilde{y_i}(t+i-1) + u_i(\tau) - y_i(t+i-1)]^+ l_{\{\widetilde{y_i}(t+i-1) < y_i(t+i-1)\}}}_{\text{修正高估量}}$$

同样，也有必要保持 N 个低估队列，其动态变化 $Q_i(\tau)$ 可由式（7-26）的第二行决定。

$$Q_i(\tau+1) =$$

$$\underbrace{[Q_i(\tau) - u_i(\tau)]^+}_{\text{队列离开}} + \underbrace{[y(t+i-1) - \tilde{y}(t+i-1)]^+}_{\text{低估量}} \quad （7\text{-}26）$$

$$+ \underbrace{[y(t+i-1) - \tilde{y}(t+i-1) + v_i(\tau)]^+ l_{\{\tilde{y}(t+i-1) > y_i(t+i-1)\}}}_{\text{修正高估量}}$$

直接使用 Lyapunov 优化来处理 $2N$ 个队列是很困难的，其原因为：

① $y(t+1)$ 到 $y(t+N)$ 的预测误差是相关的，这将在 $W_i(\tau)$ 和 $Q_i(\tau)$ 之间产生复杂的相互依赖关系。

② 队列的数量随着预测步数的增长而增长，增长速度是 $O(N)$。当 N 较大时，除了队列的强耦合性，额外的超参数也难以通过 Lyapunov 优化获得最优解。

由于任何预测区间 $[t, t+N)$ 内的预测误差都是类似的，因此可以用 $\bar{u}(\tau)$ 和 $\bar{v}(\tau)$ 来近似 $u_i(\tau)$ 和 $v_i(\tau)$，这样一来就不用保持 $2N$ 个队列，只需要保持两个队列 $\bar{W}(\tau)$ 和 $\bar{Q}(\tau)$，从而获得合理的近似解，并使复杂度不随 N 变化。将 ϵ^+ 记为 $\bar{u}(\tau)$ 与 $u_i(\tau)$ 之间的最大距离，将 ϵ^- 记为 $\bar{v}(\tau)$ 与 $v_i(\tau)$ 之间的最大距离，根据式（7-25）和式（7-26）可得到 $\bar{W}(\tau)$ 和 $\bar{Q}(\tau)$ 的队列动态。

$$\bar{W}(\tau+1) = \underbrace{[\bar{W}(\tau) - \bar{v}(\tau) - \epsilon^+]^+}_{\text{队列离开}} + \underbrace{[\bar{\tilde{y}}(\tau) - \bar{y}(\tau)]^+}_{\text{高估量}}$$

$$+ \underbrace{[\bar{\tilde{y}}(\tau) + \bar{u}(\tau) - \bar{y}(\tau)]^+ l_{\{\bar{\tilde{y}}(\tau) < \bar{y}(\tau)\}}}_{\text{修正高估量}} \quad （7\text{-}27）$$

$$\bar{Q}(\tau+1) = \underbrace{[\bar{Q}(\tau) - \bar{u}(\tau) - \epsilon^-]^+}_{\text{队列离开}} + \underbrace{[\bar{y}(\tau) - \bar{\tilde{y}}(\tau)]^+}_{\text{低估量}}$$

$$+ \underbrace{[\bar{y}(\tau) - \bar{\tilde{y}}(\tau) + \bar{v}(\tau)]^+ l_{\{\bar{\tilde{y}}(\tau) > \bar{y}(\tau)\}}}_{\text{修正高估量}} \qquad (7\text{-}28)$$

式中，$\bar{y}(\tau) = \dfrac{1}{N}\sum_i y(t+i-1)$，$\bar{\tilde{y}}(\tau) = \dfrac{1}{N}\sum_i \tilde{y}(t+i-1)$。

为了处理修改高估量引入的 $\bar{W}(\tau)$ 和 $\bar{Q}(\tau)$ 之间的内在关联，并获得合适的 $\bar{u}(\tau)$ 和 $\bar{v}(\tau)$，采用 Lyapunov 优化，从队列稳定性的角度解决问题。

定义 1：队列稳定性

当且仅当

$$\lim_{T\to\infty}\frac{1}{T}\left\{\sum_{\tau=0}^{T} E[R(\tau)]\right\} < \infty \qquad (7\text{-}29)$$

时，队列 $R(\tau)$ 是强稳定的。如果系统中的所有队列都是强稳定的，那么这个系统就称为是稳定的。

为了明确系统稳定性要求，本节引入了容量区域。

定义 2：容量区域

容量区域 Λ 被定义为所有 ϵ^+ 和 ϵ^- 在某种确定 $\bar{u}(\tau)$ 和 $\bar{v}(\tau)$ 的算法下可稳定的集合。

7.4.2　修正预测算法设计

为了稳定队列，本节采用二次 Lyapunov 函数[40]，该函数根据队列长度成二次增长，并提供了足够的惩罚函数来稳定 $\bar{W}(\tau)$ 和 $\bar{Q}(\tau)$。

$$L[\bar{Q}(\tau), \bar{W}(\tau)] = \frac{1}{2}[\overline{Q^2}(\tau) + \overline{W^2}(\tau)] \qquad (7\text{-}30)$$

根据 Lyapunov 优化理论，其相应的 Lyapunov 偏移为

$$\min_{\overline{u}(\tau), \overline{v}(\tau)} \frac{\overline{u^2}(\tau) + \overline{v^2}(\tau)}{2} + [\overline{Q}(\tau) - \overline{W}(\tau)]\overline{v}(\tau) + [\overline{W}(\tau) - \overline{Q}(\tau)]\overline{u}(\tau) \qquad （7-31）$$

$$\text{s.t. } \overline{u}(\tau)\overline{v}(\tau) = 0 \qquad （7-32）$$

$$\overline{u}(\tau) \geqslant 0 \qquad （7-33）$$

$$\overline{v}(\tau) \geqslant 0 \qquad （7-34）$$

证明：

由于高估队列和低估队列应该以连续的方式运行，因此时间使用 τ 而不是 t。Lyapunov 偏移可以定义为

$$
\begin{aligned}
\Delta L[\overline{W}(\tau), \overline{Q}(\tau)] &= E\{L[\overline{W}(\tau+1), \overline{Q}(\tau+1)] - L[\overline{W}(\tau), \overline{Q}(\tau)]\} \\
&= E\{L[\overline{W}(\tau+1) - \overline{W}(\tau)]\} + E\{L[\overline{Q}(\tau+1) - \overline{Q}(\tau)]\}
\end{aligned}
\qquad （7-35）
$$

为了求得 Lyapunov 偏移，首先考虑 $\Delta L[\overline{W}(\tau)]$，对式（7-35）两边进行平方，可得到式（7-36）。

$$\overline{W^2}(\tau+1) - \overline{W^2}(\tau)$$

$$
\leqslant \frac{\{[\overline{\tilde{y}}(t+i-1) - \overline{y}(t+i-1)]^+ + [\overline{\tilde{y}}(t+i-1) + \overline{u}(\tau) - \overline{y}(t+i-1)]^+ l_{\{\overline{\tilde{y}}(t+i-1) < \overline{y}(t+i-1)\}}\}^2 + [\epsilon^+ + \overline{v}(\tau)]^2}{2}
$$
$$
+ \overline{W}(\tau)\{[\overline{\tilde{y}}(t+i-1) - \overline{y}(t+i-1)]^+ + [\overline{\tilde{y}}(t+i-1) + \overline{u}(\tau) - \overline{y}(t+i-1)]^+ l_{\{\overline{\tilde{y}}(t+i-1) < \overline{y}(t+i-1)\}}
$$
$$
- [\epsilon^+ + \overline{v}(\tau)]\}
$$
$$
\leqslant B_W + \overline{W}(\tau)[\overline{\tilde{y}}(t+i-1) - \overline{y}(t+i-1)]^+ + \frac{\overline{u^2}(\tau)}{2} + \overline{W}(\tau)[\overline{u}(\tau) - \overline{v}(\tau)] \qquad （7-36）
$$

为了推导便利，采用以下不等式。

$$[\overline{\tilde{y}}(t+i-1) + \overline{u}(\tau) - \overline{y}(t+i-1)]^+ \leqslant [\overline{\tilde{y}}(t+i-1) - \overline{y}(t+i-1)]^+ + \overline{u}(\tau)$$

$$E[B_W] \leqslant \frac{(\alpha^+)^2 + 2\gamma\alpha^+ + (\epsilon^+ + \gamma)^2}{2}$$

上述两个不等式成立，因为当 $\overline{\tilde{y}}(t+i-1) - \overline{y}(t+i-1) \geqslant 0$ 时，左边等于右边。

当 $\overline{\tilde{y}}(t+i-1) - \overline{y}(t+i-1) < 0$ 时，由于 $\overline{u}(\tau) \geqslant 0$，左边比右边小 $\overline{y}(t+i-1) -$

$\bar{y}(t+i-1)$ ，即 $\alpha^+ = E\{[\bar{\bar{y}}(t+i-1) - \bar{y}(t+i-1)]^+\}$ ， $E[\bar{v}(\tau)] \leqslant E\{\max\limits_t[|\bar{\bar{y}}(t+i-1),$ $\bar{y}(t+i-1)|]\}$ 。基于上述分析，根据式（7-36）可得到 $\Delta L[\bar{W}(\tau)]$ 。相应地，$\Delta L[\bar{Q}(\tau)]$ 可以用类似的方法得到。

$$\bar{Q}^2(\tau+1) - \bar{Q}^2(\tau) \leqslant$$

$$B_Q + \bar{Q}(\tau)[\bar{y}(t+i-1) - \bar{\bar{y}}(t+i-1)]^+ + \frac{\bar{v}^2(\tau)}{2} \tag{7-37}$$
$$+ \bar{Q}(\tau)[\bar{v}(\tau) - \bar{u}(\tau)]$$

式中，$E[B_Q] \leqslant \dfrac{(\alpha^-)^2 + 2\gamma\alpha^- + (\epsilon^- + \gamma)^2}{2}$ 是一个有界常数，满足 $E\{[\bar{y}(t+i-1) - \bar{\bar{y}}(t+i-1)]^+\} = \alpha^-$ 和 $E[\bar{u}(\tau)] \leqslant E\{\max\limits_t[\bar{\bar{y}}(t+i-1), \bar{y}(t+i-1)]\} = \gamma$ 。

由式（7-36）和式（7-37），可得到

$$\Delta L[\bar{Q}(\tau), \bar{W}(\tau)] \leqslant$$

$$E[B_W + B_Q] + E\{\bar{W}(\tau)[\bar{\bar{y}}(t+i-1) - \bar{y}(t+i-1)]^+$$
$$+ \bar{Q}(\tau)[\bar{\bar{y}}(t+i-1)] - \bar{y}(t+i-1)]^+\} + \tag{7-38}$$
$$E\left\{\frac{\bar{v}^2(\tau)}{2} + [\bar{u}(\tau) - \bar{v}(\tau)]\bar{W}(\tau) + \frac{\bar{u}^2(\tau)}{2} + [\bar{v}(\tau) - \bar{u}(\tau)]\bar{Q}(\tau)\right\}$$

为了最小化式（7-38），有必要对一个期望值进行优化。由于这些变量的分布是随时间变化的，而且不能明确地知道，所以本节采用机会式最小化的概念[36]把式（7-38）改写为

$$\min_{\bar{u}(\tau), \bar{v}(\tau)} \left\{\frac{\bar{u}^2(\tau) + \bar{v}^2(\tau)}{2} + [\bar{Q}(\tau) - \bar{W}(\tau)]\bar{v}(\tau) + [\bar{W}(\tau) - \bar{Q}(\tau)]\bar{u}(\tau)\right\} \tag{7-39}$$

通过最小化 Lyapunov 偏移，$\bar{W}(\tau)$ 和 $\bar{Q}(\tau)$ 将被稳定；根据式（7-21）和式（7-22）并求平均可产生 $\bar{u}(\tau)$ 和 $\bar{v}(\tau)$ ，用于修改基于 GP 的框架的预测。为了解决式（7-31）到式（7-34）的优化问题，当 $\bar{u}(\tau) = 0$ 时，Lyapunov 偏移将变成 $\bar{v}(\tau)$ 的二次方，可以很容易得到

$$\bar{v}(\tau) = \bar{W}(\tau) - \bar{Q}(\tau) \tag{7-40}$$

当 $\overline{v}(\tau) = 0$ 时，Lyapunov 偏移成为 $\overline{u}(\tau)$ 的二次方，可得到

$$\overline{u}(\tau) = \overline{Q}(\tau) - \overline{W}(\tau) \tag{7-41}$$

根据式（7-40）和式（7-41），可将基于 GP 的框架的预测改为

$$\hat{y}(t+i-1) = \tilde{y}(t+i-1) + \overline{Q}(\tau) - \overline{W}(\tau) \tag{7-42}$$

式（7-42）表明预测只取决于当前的队列差异。通过这种方式，可以绕过因果关系约束，在不知道 $y(t+i-1)$ 的情况下，在时隙 t 的开始获得 $\overline{u}(\tau)$ 和 $\overline{v}(\tau)$。

7.4.3　复杂度分析

本章提出的在线学习和预测框架的复杂度由以下几部分组成：

（1）GP 最耗时的部分是使用 Cholesky 分解来计算矩阵 $\boldsymbol{K}$ 的逆；对于对称半正定协方差矩阵，需要进行 $O[(N+M)/\log_2(N+M)]$ 次操作[35]，如果低秩近似可以应用于该矩阵，那么复杂度可以进一步降低到 $O(N+M)$ [37]。

（2）Lyapunov 优化框架的复杂度为 $O(N)$，比 GP 预测框架的复杂度更低。

7.4.4　应用场景

网络流量预测可以应用于很多场景，如 QoS 路由[2,6-7]、NFV 的中间箱放置[3]、主动拥塞控制机制[4]。如果有多步预测结果，就可以更好地优化网络资源，并有足够的时间来使用复杂的信令重新配置网络。本节介绍在线学习和预测框架的两个潜在应用场景。

（1）内容边缘存储系统。在通信系统中，可以将受欢迎的内容主动缓存在基站和附近的服务器上，这使得用户可以从附近具有缓存功能的节点请求他们想要的内容，从而提高服务质量。因此，缓存决策（包括内容选择、替换和推送）是基于对内容流行度的预测而做出的。在服务器端，内容流行度实际上表明了这个内容的网络流量。采用在线学习和预测框架对电视剧 *The Office*（其数据集可在 GitHub 上找到，该网站给出了该电视剧随时间变化的流行度）的内容

流行度（收视率）进行预测，结果如图 7-4 所示。基于预测的结果，可以实现内容缓存。

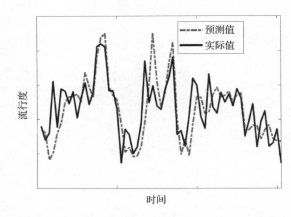

图 7-4　采用在线学习和预测框架对电视剧 *The Office* 的内容流行度的预测结果

（2）网络安全。网络流量的异常检测对于网络的安全性和可靠性非常关键。异常网络流量的类别很多，例如[39]

① Alpha 异常：是指异常高的点对点流量，持续时间短。

② 过载：表示对一个网络资源或服务的需求异常高，这会在短时间内带来流量上升。

③ 网络/端口扫描：是指扫描网络的特定端口或扫描单个主机的所有端口以寻找漏洞，这也会在短时间内带来流量上升。

④ 断连：表示网络问题，导致一个源节点-目标节点之间的流量下降，这会导致流量下降。

⑤ 流切换：是指流量从一个路由器到另一个路由器的切换，这会导致一条链路流量下降和另一条链路流量上升。

本章提出的在线学习和预测框架可以推断出后验分布，后验分布可用于衡量预测结果的不确定性，从而使预测网络流量的上升/下降成为可能。在线学习和预测框架用于网络流量异常检测如图 7-5 所示，当预测值远远超出 95%的置信区间时，相关链路很可能发生了异常情况。

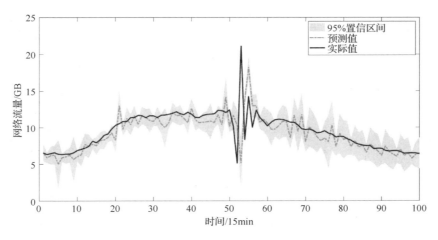

图 7-5　在线学习和预测框架用于网络流量异常检测

7.5 仿真结果

7.5.1　数据集和参数介绍

本节采用一个公开的网络流量数据集——GEANT[41]进行性能评估。完整的 GEANT 数据集由 23 个节点、38 条链路组成，有 529 个源节点-目标节点流量。具体来说，网络流量持续时间服从正态分布 $N(60,12)$，网络流量到达服从均匀分布，网络流量服从联合高斯分布[42]。在本节的仿真中，网络流量样本是从 GEANT 的一条链路上收集的。本节的仿真对数据集中 2015 年 1 月~4 月的网络流量进行采集，每 15 min 采集一次，共采集了 10772 个网络流量数据点，其中网络流量最大值约为 21.142 GB，最小值约为 0.794 GB。

本章的仿真是在装有 Nvidia GeForce 3060 Laptop（65W）GPU 的 PC 上进行的，该 GPU 的算力相当于 Nvidia GeForce 2060 Super。如果 GPU 得到改进，仿真速度也会快很多。

本章提出的学习和预测框架的工作流程如下：

（1）对于给定的网络流量记录 $\{y(t-M), y(t-M+1), \cdots, y(t-1)\}$，生成数据集 D_1、D_2、$\cdots$、D_N。

（2）对于给定的数据集和核函数，确定相关的超参数。具体来说，首先利用贝叶斯非参数频谱估计法（BNSE）来初始化超参数[43]，然后将自适应矩估计法[44]作为求解器，其中学习率被设定为 0.5，迭代次数被设定为 50。损失函数每次迭代的值如图 7-6 所示。

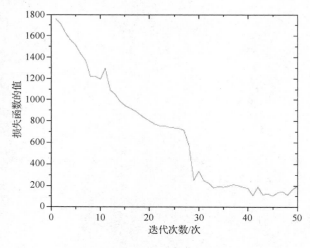

图 7-6　损失函数每次迭代的值

（3）对于训练好的参数，进行基于 GP 的框架的多时间尺度预测，并生成多步预测。

（4）基于 Lyapunov 优化修改基于 GP 的框架的预测。

（5）在每个 $t=t+N$ 时隙，执行步骤（1）到（4）来预测 $\{y(t), y(t+1), \cdots, y(t+N-1)\}$。本节主要介绍 $N=4$ 的结果。

本节采用归一化的均方根误差（RMSE）与平均和归一化的 L_1 距离（表示为 Diff）[17]来评估框架的准确性。具体来说，RMSE 是 Lyapunov 偏移平方平均值的平方根，它量化了网络流量预测值和网络流量实际值之间的差异，其计算公式为

$$\text{RMSE} = \sqrt{\frac{1}{T}\sum_{t=1}^{T}\left[\frac{y(t)-\hat{y}(t)}{y(t)}\right]^2} \qquad (7\text{-}43)$$

式中，T 是所涉及的时隙数量。Diff 则从线性角度对差异进行量化，定义为

$$\text{Diff} = \frac{1}{T}\sum_{t=1}^{T}\frac{\left|y(t)-\hat{y}(t)\right|}{y(t)} \qquad (7\text{-}44)$$

7.5.2　结果与分析

（1）GP-PConv 框架的性能分析。

图 7-7 和图 7-8 给出了 Q 为 8 和 1 时的基于 GP-PConv 的框架的预测结果。在 10772 个网络流量数据点中，起点设为 7000，终点设为 7500。混合成分的数量 Q 对框架的性能有深刻的影响，它控制着适应当前训练数据集的最佳核函数的近似精度。因此，当选择大的 Q（如 $Q=8$）时，预测值能够准确地匹配实际值的变化趋势和特征，因为大部分的网络流量模式被自适应地编码到核函数中。当选择一个小的 Q（如 $Q=1$，以便在计算资源受限的平台上运行）时，首先，由于只有主导模式被编码到核函数中，GP-PConv 框架的跟踪性能会变差；其次，预测值中有很多垂直、水平线。另外，95% 置信区间变得更大，这表明预测本身变得不太可靠。无论 Q 的大小如何，网络流量实际值几乎完全在 95% 置信区间内，这证明了网络流量服从联合高斯分布的假设是正确的。

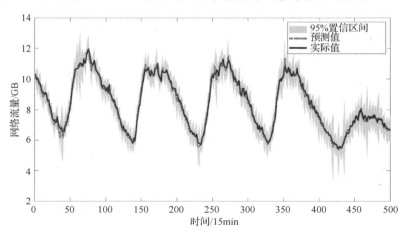

图 7-7　$Q=8$ 时基于 GP-PConv 框架的预测结果

本节也在另一个数据集（WIDE 数据集）上对本章提出的在线学习和预测框架的性能进行了评估，该数据集来自日本 WIDE 骨干网络中的一条链路[45]。本节在 WIDE 数据集上每小时采集一次网络流量数据，预测结果如图 7-9 所示，预测值也能准确地匹配实际值的变化趋势和特征。

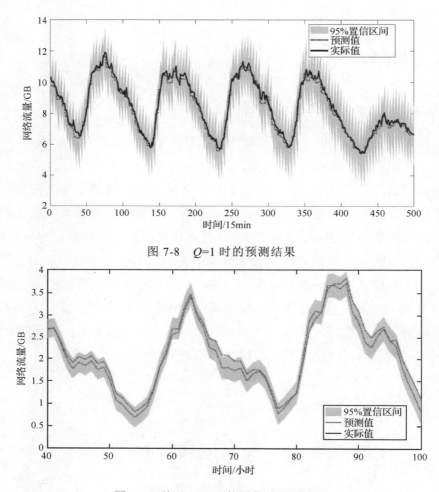

图 7-8　$Q=1$ 时的预测结果

图 7-9　基于 WIDE 数据集的预测结果

图 7-10 到图 7-13 给出了一些关键参数对预测结果的影响。

图 7-10 表示训练样本数量 M 对预测结果的影响。对于任何基于数据驱动的学习技术，其性能都会深受到 M 的影响。由于采用贝叶斯理论进行优化，相关随机变量的不确定性将被降低，因此大的 M 可以提高准确性。由于 GP 是一种轻量化的机器学习技术，它只需要少量的数据即可被良好的训练，非常适合解决网络流量预测问题，可以动态地跟踪不断变化的特征。因此，过大的 M（如 $M>200$）带来的性能提升并不大，而且会大大增加复杂性。

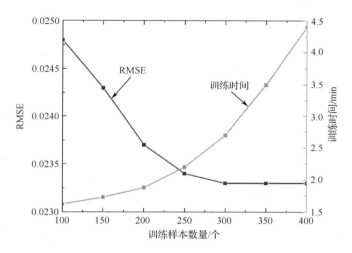

图 7-10　训练样本数量 M 对预测结果的影响

图 7-11 表示混合成分数量 Q 对预测结果的影响。大的 Q 可以提高准确率，因为更多的非主导模式被编码到核函数中，即更接近当前训练数据集的最佳核函数，但同时会引起复杂度的线性增加。为了在不增加 Q 的情况下实现精确预测，本节采用了 Lyapunov 优化，其性能将在后文中进行分析。

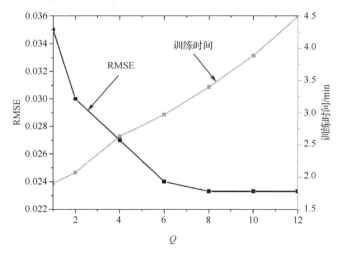

图 7-11　混合成分数量 Q 对预测结果的影响

图 7-12 显示了预测步数 N 对预测结果的影响。虽然人们普遍认为随着 N 的增加，预测精度会迅速下降，但通过输出相关性和建立的联合预测框架，当 $N < 5$ 时，RMSE 增长缓慢。

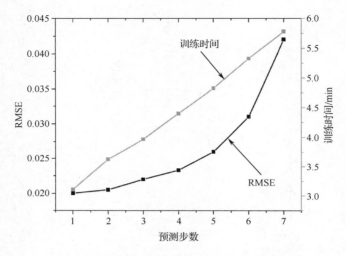

图 7-12　预测步数 N 对预测结果的影响

图 7-13 说明了训练数据缺失对预测结果的影响。本节随机丢弃一定比例的训练样本，例如，当 50% 的训练样本被丢弃时，只使用剩余的 50% 的样本来训练 GP-PConv 框架的参数。据观察，当丢失数据的比例小于 50% 时，性能只受到轻微影响。在实际中，由于数据丢失是突发性的，因此：

① 当最近的 K 个数据丢失时，实际上是将预测范围从 N 增加到 $N+K$。在这种情况下，预测结果的准确度随着 K 的增大而快速下降。

② 当最早的 K 个样本丢失时，实际上是将训练样本数量从 M 减少到 $M-K$。在这种情况下，预测结果的准确度是相对稳定的。

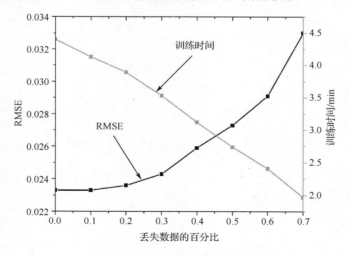

图 7-13　训练数据缺失对预测结果的影响

（2）Lyapunov 优化框架的性能分析。图 7-14 展示了采用 Lyapunov 优化带来的性能改进。在 10772 个网络流量数据点中，起点设为 7380，终点设为 7440。当选择一个大的 Q 来提高精度时，计算成本很高。当选择一个小的 Q（如 $Q=2$）时，基于高斯过程（GP）的框架的预测容易低估真实网络流量。本节采用 Lyapunov 优化，根据过去的预测误差统计，对基于 GP 的框架的预测进行修改，这使得在不显著增加复杂度的情况下产生更准确的预测成为可能。结果表明，采用 Lyapunov 优化后的预测值可以更好地匹配实际流量的变化趋势。

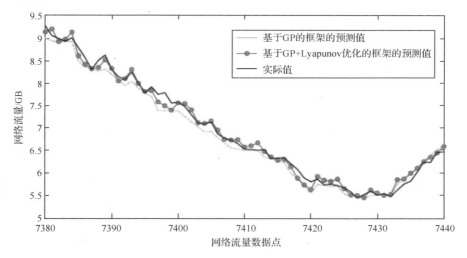

图 7-14　基于李雅普诺夫优化的框架的性能提升

图 7-15 到图 7-16 所示为基于 GP-PConv 的框架和在线学习和预测框架的预测误差的累积密度函数（CDF）。可以看出，基于 GP 的框架的预测容易低估网络流量，因为其核函数只包括有限的网络流量模式。通过 Lyapunov 优化对基于 GP 的框架的预测进行修改后，绝对预测误差变小了，因此采用基于 GP+Lyapunov 优化的框架可以更好地预测网络流量。

图 7-17 验证了在线学习和预测框架的队列稳定性，这对基于 Lyapunov 优化的框架的算法至关重要。如果使用超参数 ϵ^+ 和 ϵ^- 的两个队列不稳定，即时间平均队列长度总趋向无穷大，那么容量区域将缩减为零，累积的预测误差也将趋向无穷大，这将极大地降低性能。在本次仿真中，通过一维搜索，我们选择 $\epsilon^+=\epsilon^-=1.07\times10^{-4}$，这比网络流量的平均小得多，至少是其 1/100。据观察，$\overline{W}(\tau)$ 和 $\overline{Q}(\tau)$ 的平均队列长度都是有界的，因此这两个队列是稳定的。另外，在大多数

时间里，高估队列 $\bar{Q}(\tau)$ 的长度大于低估队列 $\bar{W}(\tau)$ 的长度。

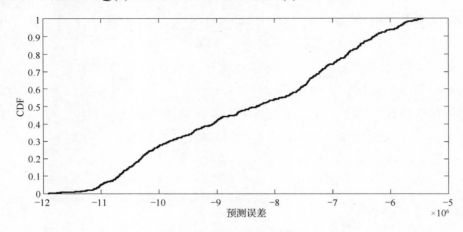

图 7-15　基于 GP 的框架的预测误差的 CDF

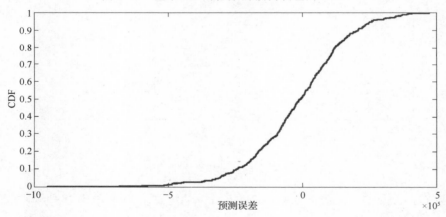

图 7-16　基于在线学习和预测框架的预测误差的 CDF

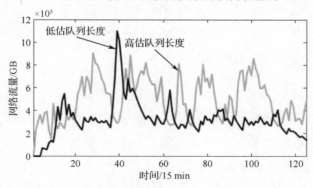

图 7-17　在线学习和预测框架的队列稳定性

（3）性能对比。本节对所提框架（在线学习和预测框架）的性能与其他算法的性能进行比较。具体而言，对比了其他 7 种算法，包括两种传统的统计学算法、两种基于深度学习的算法和三种基于 GP 的框架的算法。

① Support Vector Regression (SVR)[11]：输入特征的数量为 100，核函数采用径向基函数（RBF），停止标准的容忍度为 0.001。

② ARIMA (p,d,q)[46]：自回归项的数量（即 p ）为 5，非季节性差异的数量 d 为 1，预测方程中滞后预测误差的数量 q 为 0。

③ LSTM[47]：记忆单元被部署在 RNN 中，每个记忆单元中的神经元都是完全连接的，以捕捉长期的依赖关系，记忆单元的大小被设置为 300。

④ RCLSTM[17]：每个记忆单元中的神经元是随机和稀疏连接的，即只有 1%的神经元是连接的，以减少复杂度，记忆单元的大小被设置为 30。

⑤ GP(SE+Periodic)[15]：核函数被设计为 SE 函数和周期函数的组合，以描述网络流量的周期性和随机性。

⑥ GP(SM)[32]：通过使用 SM 函数从训练数据中自适应地学习核函数，但不利用输出相关性。

⑦ GP(SM)+PConv：通过使用 SM 函数从训练数据中自适应地学习核函数，同时使用 PConv 利用输出相关性。

图 7-18 比较了所提框架与其他七个算法在 RMSE 方面的表现，图 7-19 对它们在 Diff 方面进行了比较。对于传统的统计学算法，如 SVR 和 ARIMA，本节只考虑了短期的相关性，即利用了最近的几个网络流量数据来提高性能，忽略了过去的有用信息。对于基于深度学习的算法，如 LSTM 和 RCLSTM，尽管它们的训练集规模选择得非常大，即 10772 个网络流量数据点中的 8000 个，但由于"数据饥渴"的特征，这样的数据量还不足以训练好神经网络。此外，使用固定的训练集可以避免在动态环境中频繁重新训练超参数所带来的性能损失，避免的性能损失超过了利用长距离依赖性所带来的性能改进，因为网络流量特征随着时间和时间尺度的变化而快速变化。基于 GP 的框架的算法，如 GP(SE+Periodic)和 GP(SM)，前者使用一个固定的核函数，只捕捉位于原点的

网络流量模式,不能动态跟踪网络流量特征;而后者在不同时间尺度上建立独立的基于 GP 的框架,没有利用输出相关性。本章提出了一体式学习框架,将 GP 与 SM 核函数以及 Lyapunov 优化结合起来,这样 GP 就可以根据不断变化的网络流量调整其核函数,有效利用不同时间尺度的信息,并补偿经常发生的低估,从而提供更准确的预测。

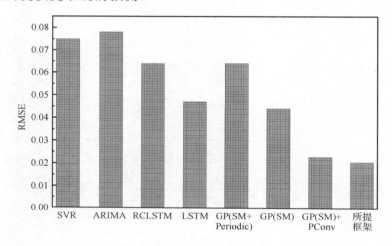

图 7-18   RMSE 的性能对比

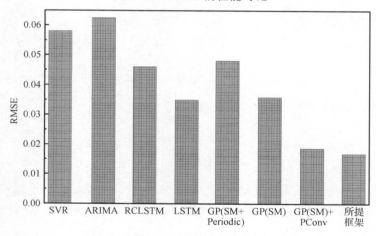

图 7-19   Diff 方面的性能对比

7.6 结论

本章建立了一个一体式在线学习和预测框架,通过 GP 和 Lyapunov 优化实现多步网络流量预测。结果表明：

（1）SM 核函数在网络流量时间序列建模方面是非常重要和有效的。

（2）PConv 大大减小了预测误差。

（3）Lyapunov 优化有助于平衡低估和高估，提高跟踪性能。

参考文献

[1] Wang Y, Nakachi T, Inoue T, et al. Adaptive multi-slot-ahead prediction of network traffic with Gaussian process[C]// 2021 IEEE Global Communications Conference, 2021: 1-6.

[2] Saha N, Bera S, Misra S. Sway: Traffic-aware QoS routing in software-defined IoT[J]. IEEE Transactions on Emerging Topics in Computing, 2018, 9(1): 390-401.

[3] Ma W, Sandoval O, Beltran J, et al. Traffic aware placement of interdependent NFV middleboxes[C]// IEEE INFOCOM 2017-IEEE Conference on Computer Communications, 2017: 1-9.

[4] Ren F, He T, Das S K, et al. Traffic-aware dynamic routing to alleviate congestion in wireless sensor networks[J]. IEEE Transactions on Parallel and Distributed Systems, 2011, 22(9): 1585-1599.

[5] Bayati A, Nguyen K K, Cheriet M. Multiple-step-ahead traffic prediction in high-speed networks[J]. IEEE Communications Letters, 2018, 22(12): 2447-2450.

[6] Kumar P. Toward predictable networks[D]. Ithaca: Cornell University, 2021.

[7] Kumar P, Yuan Y, Yu C, et al. {Semi-oblivious} traffic engineering: The road not taken[C]// 15th USENIX Symposium on Networked Systems Design and Implementation, 2018: 157-170.

[8] Li J, Chen B M, Lee G H. So-net: Self-organizing network for point cloud analysis[C]// Proceedings of the IEEE conference on computer vision and pattern recognition, 2018: 9397-9406.

[9] Koo J, Mendiratta V B, Rahman M R, et al. Deep reinforcement learning for network slicing with heterogeneous resource requirements and time varying traffic dynamics[C]// 2019 15th International Conference on Network and Service Management, 2019: 1-5.

[10] Chen Y, Jain S, Adhikari V K, et al. A first look at inter-data center traffic characteristics via yahoo! datasets[C]// 2011 Proceedings IEEE INFOCOM, 2011: 1620-1628.

[11] Zhou B, He D, Sun Z, et al. Network traffic modeling and prediction with ARIMA/GARCH[C]// Proc. of HET-NETs Conference. 2005: 1-10.

[12] Azzouni A, Pujolle G. NeuTM: A neural network-based framework for traffic matrix prediction in SDN[C]// NOMS 2018-2018 IEEE/IFIP Network Operations and Management Symposium, 2018: 1-5.

[13] Liu H, Ong Y S, Shen X, et al. When Gaussian process meets big data: A review of scalable GPs[J]. IEEE Transactions on Neural Networks and Learning Systems, 2020, 31(11): 4405-4423.

[14] Doukhan P, Oppenheim G, Taqqu M S. Theory and applications of long-range dependence[M]. Berlin: Birkhauser, 2002.

[15] Xu Y, Xu W, Yin F, et al. High-accuracy wireless traffic prediction: A GP-based machine learning approach[C]// GLOBECOM 2017-2017 IEEE Global Communications Conference, 2017: 1-6.

[16] Li R, Zhao Z, Zheng J, et al. The learning and prediction of application-level traffic data in cellular networks[J]. IEEE Transactions on Wireless Communications, 2017, 16(6): 3899-3912.

[17] Hua Y, Zhao Z, Li R, et al. Deep learning with long short-term memory for time series prediction[J]. IEEE Communications Magazine, 2019, 57(6): 114-119.

[18] Wang J, Tang J, Xu Z, et al. Spatiotemporal modeling and prediction in cellular networks: A big data enabled deep learning approach[C]// IEEE INFOCOM 2017-IEEE Conference on Computer Communications, 2017: 1-9.

[19] Nie L, Jiang D, Yu S, et al. Network traffic prediction based on deep belief network in wireless mesh backbone networks[C]// 2017 IEEE Wireless Communications and Networking Conference, 2017: 1-5.

[20] Taieb S B, Bontempi G, Atiya A F, et al. A review and comparison of strategies for multi-step ahead time series forecasting based on the NN5 forecasting competition[J]. Expert Systems with Applications, 2012, 39(8): 7067-7083.

[21] Li Y, Li Z, Jin M, et al. Multiple-step ahead traffic forecasting based on GMM embedded BP network[J]. Procedia-Social and Behavioral Sciences, 2013, 96: 1014-1024.

[22] Lee J, Bahri Y, Novak R, et al. Deep neural networks as gaussian processes[J].

[23] Williams C K I, Rasmussen C E. Gaussian processes for machine learning[M]. Cambridge: MIT press, 2006.

[24] Bayati A, Asghari V, Nguyen K, et al. Gaussian process regression based traffic modeling and prediction in high-speed networks[C]// 2016 IEEE Global Communications Conference, 2016: 1-7.

[25] Stoev S, Michailidis G, Vaughan J. On global modeling of backbone network traffic[C]// 2010 Proceedings IEEE INFOCOM, 2010: 1-5.

[26] Zhang D G, Chen L, Zhang J, et al. A multi-path routing protocol based on link lifetime and energy consumption prediction for mobile edge computing[J]. IEEE Access, 2020, 8: 69058-69071.

[27] Singhal H, Michailidis G. Identifiability of flow distributions from link measurements with applications to computer networks[J]. Inverse Problems, 2007, 23(5): 1821.

[28] Feng C, Xu H, Li B. An alternating direction method approach to cloud traffic management[J]. IEEE Transactions on Parallel and Distributed Systems, 2017, 28(8): 2145-2158.

[29] Crovella M E, Bestavros A. Self-similarity in world wide web traffic: Evidence and possible causes[J]. IEEE/ACM Transactions on Networking, 1997, 5(6): 835-846.

[30] Trinh H D, Bui N, Widmer J, et al. Analysis and modeling of mobile traffic using real traces[C]// 2017 IEEE 28th annual international symposium on personal, indoor, and mobile radio communications, 2017: 1-6.

[31] Stein M L. Interpolation of spatial data: some theory for kriging[M]. Berlin：Springer, 2012.

[32] Wilson A, Adams R. Gaussian process kernels for pattern discovery and extrapolation[C]// International Conference on Machine Learning, 2013: 1067-1075.

[33] Liu H, Cai J, Ong Y S. Remarks on multi-output Gaussian process regression[J]. Knowledge-Based Systems, 2018, 144: 102-121.

[34] Nguyen T V, Bonilla E V. Collaborative Multi-output Gaussian Processes[C]// Proceedings of the Thirtieth Conference on Uncertainty in Artificial Intelligence, 2014: 643-652.

[35] Raykar V C, Duraiswami R. Fast large scale Gaussian process regression using approximate matrix-vector products[C]// Learning workshop. 2007.

[36] Neely M J. Stochastic network optimization with application to communication and queueing systems[M]. Berlin：Springer, 2022.

[37] Harbrecht H, Peters M, Schneider R. On the low-rank approximation by the pivoted Cholesky decomposition[J]. Applied numerical mathematics, 2012, 62(4): 428-440.

[38] Chen Q, Wang W, Chen W, et al. Cache-enabled multicast content pushing with structured deep learning[J]. IEEE Journal on Selected Areas in Communications, 2021, 39(7): 2135-2149.

[39] Ageyev D, Radivilova T, Mulesa O, et al. Traffic monitoring and abnormality detection methods for decentralized distributed networks[M]// Oliynykov R, Kuznetsov O, Lemeshko O, et al. Information security technologies in the decentralized distributed networks. Berlin：Springer, 2022.

[40] Wang Y, Wang W, Cui Y, et al. Distributed packet forwarding and caching based on stochastic network utility maximization[J]. IEEE/ACM Transactions on Networking, 2018, 26(3): 1264-1277.

[41] Uhlig S, Quoitin B, Lepropre J, et al. Providing public intradomain traffic matrices to the research community[J]. ACM SIGCOMM Computer Communication Review, 2006, 36(1): 83-86.

[42] Reis J, Rocha M, Phan T K, et al. Deep neural networks for network routing[C]// 2019 International Joint Conference on Neural Networks, 2019: 1-8.

[43] Tobar F. Bayesian nonparametric spectral estimation[J]. Advances in Neural Information Processing Systems, 2018, 31.

[44] Ruder S. An overview of gradient descent optimization algorithms[R]. Cornell University, 2016.

[45] Cho K, Mitsuya K, Kato A. Traffic data repository at the {WIDE} project[C]// 2000 USENIX Annual Technical Conference, 2000.

[46] Sapankevych N I, Sankar R. Time series prediction using support vector machines: a survey[J]. IEEE Computational Intelligence Magazine, 2009, 4(2): 24-38.

[47] Graves A, Graves A. Long short-term memory[J]. Supervised Sequence Labelling with Recurrent Neural Networks, 2012: 37-45.

第 8 章
总结与展望

随着无线业务多元化的迅猛发展，对更高速率和更强计算能力的无线通信系统的渴求也日益迫切。然而，无线通信系统中通信资源和计算资源是极为稀缺的，如何高效地利用有限的资源，为用户提供更加可靠、稳定的服务是当前面临的巨大挑战。不能满足用户的超高带宽、超低时延需求，很容易造成数据队列溢出与数据丢失，从而导致数据服务错误率激增，系统稳定性严重下降，甚至服务中断。因此，无线通信系统的队列稳定性是极为关键的，应当充分予以考量并提供相应的保障机制。

本书分别从提高传输能力、减少传输内容以及将业务本地化三个方面为无线通信系统的队列稳定性提供保障，针对频谱聚合、协作多播中继、移动边缘计算与内容边缘存储进行深入研究分析，对通信资源和计算资源进行联合优化，提出了可行的解决方案，并进行了理论推导和性能仿真。本书的主要内容如下：

（1）通过频谱聚合技术为用户提供超宽带的数据传输服务。本书从理论上分析了受限的频谱聚合能力是如何影响系统稳定性的，以及如何基于链路自适应实现异构系统。已有文献对实际因素（如受限的频谱聚合能力、频谱聚合电路能耗、队列长度估计、信道估计等）考虑不足，且基于 LBT 和 DCM 的机会式频谱接入方式不能充分利用轻负载系统中的全部可用容量，本书针对频谱聚合系统建立了数据包队列模型，考虑了受限的频谱聚合能力、频谱聚合电路能耗、队列长度估计、信道估计等因素，并在保证队列稳定性的基础上，设计了信道与功率联合分配算法，并闭式地分析系统平均队列长度。在同构频谱聚合系统中，设计了具有时延约束的能量有效调度算法，并推导出了系统平均功率和平均时延的闭式折中关系。在此基础上，本书从理论上闭式讨论频谱聚合能力对能耗及时延的影响，并分析了业务场景和信道数量等参数对算法性能的影响。在异构频谱聚合系统中，本书构建了理论框架，充分挖掘干扰控制对异构频谱聚合的影响，并提出了闭式修正注水功率分配方案。该方案综合考虑了用户间干扰、信道条件和队列长度等因素的影响，在保障队列稳定性的同时提高了频谱聚合系统性能。分析结果表明，频谱聚合技术可以显著提高传输能力，并降低总能耗。

（2）通过协作多播中继技术支持海量高速数据传输。本书从理论上分析受限的信道数量是如何影响系统传输效率的，并采用恰当的中继选择方案以保证系统稳定性。已有文献对实际因素（如可用信道数量等）考虑不足，且对于多目标优化问题，常用的优化目标（如最大化系统的总吞吐量、最大化最小速率优化等优化方式）不能综合考虑系统传输效率与用户公平性，从而危害系统的稳定性。本书针对协作多播中继系统建立了双跳协作多播中继模型，综合考虑了系统传输效率、用户公平性以及队列稳定性等目标，研究了协作多播中继系统的信道分配与中继选择方案。对于多目标优化问题，本书考虑了受限的信道数量，设计了字典序最优的联合信道分配与中继选择方案，并从几何角度建立了渐近等价分析结构，证明了该算法的解具有帕雷托最优性与唯一性。在此基础上，本书分析了信道数量、中继节点数量等系统参数对算法性能的影响。

（3）通过移动边缘计算与内容边缘存储技术为用户提供本地化的计算与存储服务。本书在本地获取数据请求和网络拥塞信息，并通过本地优化来保证系统稳定性。对于相互耦合的队列，本书从理论上对这种动态的状态依赖受控随机游走过程进行稳态分析，从而闭式得到系统时延性能。在已有的关于移动边缘计算系统的文献中，由于缺乏对动态的状态依赖受控随机游走过程的稳态分析，造成时延性能分析的缺失，以及在内容边缘存储系统中，分布式联合优化数据转发和缓存的算法的性能在理论上没有保障，造成性能分析不够深入的问题。为了提升用户计算服务质量，本书针对移动边缘计算系统建立了数据与计算双队列系统，设计了面向队列稳定性的联合通信与计算分配算法，并推导出了系统平均队列长度的上界。在此基础上，本书考虑到用户和 MEC 服务器的存储空间受限，采用强逼近的方法将队列动态的离散时间受控随机游走过程转化为带反射的连续时间随机微分方程，并通过对随机微分方程的稳态分析，闭式得到了用户时延性能。为了提升用户数据服务质量，本书针对内容边缘存储系统建立了包含请求队列、数据队列的双队列系统，并且设计了请求/数据队列的动态映射，从而可以在本地提取网络上的数据需求和网络拥塞信息。通过随机网络效用最大化的方法，本书设计了一种低开销的分布式转发和缓存算法，在此基础上，证明了该算法的队列稳定性，并推导出了在随机环境中该算法的区域稳定性以及收敛性。分析结果显示，通过与移动设备建立更加紧密相连的计算与存储能力，可以显著改善用户的计算与传输条件，减少传输内容，从而有效降低通信时延。考虑到提前获得未来网络状态可以提升移动边缘计算网络中资源的利用效率，并进一步降低时延，本书通过设计更加灵活的核函数、将过程卷积（PConv）技术融入高斯过程（GP）、采用 Lyapunov 优化进行预测修正，设计了基于高斯过程的网络流量多步预测模型。

　　本书作者将针对信息预测和资源管理协同优化开展一系列研究，从而在有限的网络资源内进一步降低网络时延。